# IL MANUALE DEL SURVIVALISTA

Abilità essenziali per costruzione ripari, la fare fuoco e l'approvvigionamento di cibo

**ROGER JIM BRANDY**

**Copyright © 2024 di ROGER JIM BRANDY**

*Tutti i diritti riservati. Nessuna parte di questa pubblicazione può essere riprodotta, distribuita o trasmessa in qualsiasi forma o con qualsiasi mezzo, comprese fotocopie, registrazioni o altri metodi elettronici o meccanici, senza il previo consenso scritto dell'editore, tranne nel caso di brevi citazioni incorporate nelle recensioni critiche e in alcuni altri usi non commerciali consentiti dalla legge sul copyright.*

# Sommario

**INTRODUZIONE**   **1**
**L'importanza delle abilità di sopravvivenza nel mondo moderno**   **1**

**CAPITOLO 1**   **11**
**Comprendere i principi fondamentali della sopravvivenza**   **11**

    La regola del tre per la sopravvivenza: aria, riparo, acqua e cibo   11

    Preparazione mentale: la chiave per mantenere la calma nelle emergenze   19

    Priorità di sopravvivenza: valutazione dei rischi e delle risorse   28

**CAPITOLO 2**   **37**
**Scegliere la posizione perfetta per il rifugio di sopravvivenza**   **37**

    Valutazione del terreno: cosa cercare in un luogo di rifugio sicuro   37

    Evitare i rischi ambientali: acqua, vento e fauna selvatica   45

    Comprensione dei microclimi e del loro impatto sui siti di rifugio   54

**CAPITOLO 3**   **63**
**Tecniche di costruzione di rifugi per vari ambienti**   **63**

    Capanne e capanne di detriti: costruzioni rapide in aree boschive   63

    Pensiline ad A e soluzioni con telone: opzioni minimaliste   71

    Grotte di neve e rifugi nel deserto: sopravvivenza specializzata negli estremi   79

## CAPITOLO 4 — 89
**Padroneggiare l'arte del fuoco per riscaldare e cucinare** — 89

Nozioni di base sulla costruzione del fuoco: i tipi di fuoco e i loro usi — 89

Raccogliere l'esca, la legna e il combustibile giusti per incendi efficienti — 97

Metodi avanzati di accensione del fuoco: attrito, scintille e ingrandimento — 104

## CAPITOLO 5 — 113
**Strumenti primitivi e moderni per accendere il fuoco** — 113

Aratro antincendio e trapano ad arco: metodi antichi in pratica — 113

Utilizzo di selce e acciaio per ottenere scintille coerenti — 122

## CAPITOLO 6 — 143
**Procurarsi acqua potabile sicura nella natura** — 143

Trovare fonti d'acqua naturali: corsi d'acqua, laghi e rugiada — 143

Tecniche di filtrazione, purificazione e bollitura — 151

Creazione di filtri per l'acqua di emergenza da materiali naturali — 160

## CAPITOLO 7 — 169
**Approvvigionamento alimentare attraverso la raccolta e la cattura** — 169

Piante selvatiche commestibili: identificazione degli alimenti nutrienti e sicuri — 169

Tecniche di cattura di base per la piccola selvaggina — 177

L'arte della pesca senza attrezzi moderni: lenze
e nasse 186
**CAPITOLO 8** **195**
**Conservare e cucinare il cibo in situazioni di
sopravvivenza** **195**
Metodi di cottura all'aperto: allo spiedo e nella
fossa 195
Conservazione di carne e pesce: essiccazione,
affumicatura e salatura 203
Far durare gli edibili selvatici: tecniche di
disidratazione e fermentazione 211
**CAPITOLO 9** **221**
**Strumenti e attrezzature essenziali per i
sopravvissuti** **221**
Costruire un kit di sopravvivenza: l'attrezzatura
indispensabile per ogni situazione 221
Coltelli, asce e multiutensili: scegliere gli
strumenti giusti 230
Strumenti fai da te dalla natura:
improvvisazione di utensili e armi 238
**CAPITOLO 10** **247**
**Navigazione e orientamento nella natura** **247**
Competenze di base su bussola e lettura di
mappe per viaggiare sicuri 247
Navigare senza strumenti: usare il sole, le stelle
e i segni della natura 255
Creare e seguire sentieri: non lasciare traccia
nella natura 263
**CONCLUSIONE** **273**
**Costruire fiducia nelle tue capacità di
sopravvivenza: rimanere pronto per
qualsiasi situazione** **273**

# INTRODUZIONE

## L'importanza delle abilità di sopravvivenza nel mondo moderno

Nel mondo frenetico di oggi, molte persone fanno molto affidamento sulla tecnologia e sulle comodità moderne per soddisfare le loro esigenze quotidiane. Dagli smartphone ai dispositivi GPS, dai supermercati all'acqua corrente, abbiamo accesso a quasi tutto ciò di cui abbiamo bisogno a portata di mano. Sebbene questi progressi semplifichino la vita, possono anche farci dimenticare l'importanza delle abilità di sopravvivenza di base; quelle capacità che possono aiutarci a sopravvivere e prosperare quando le comodità moderne falliscono.

Le abilità di sopravvivenza sono molto più di ciò che vedi in TV o di cui senti parlare nelle storie avventurose. Queste sono competenze salvavita essenziali che possono aiutare chiunque, che tu sia un appassionato di attività all'aria aperta che ama il campeggio e l'escursionismo, o qualcuno che vive in un'area urbana. Sapere come trovare riparo, accendere un fuoco, procurarsi acqua pulita e procurarsi il cibo può fare la differenza tra la vita e la morte in situazioni di emergenza. Anche se può sembrare che queste abilità siano utili solo in zone remote e selvagge, in realtà sono preziose in una varietà di scenari, dai disastri naturali ai semplici viaggi in campeggio.

Nel mondo attuale, i disastri naturali come uragani, inondazioni, incendi e terremoti possono interrompere la vita normale, lasciando le persone bloccate senza accesso ai servizi di base. In queste situazioni possono verificarsi interruzioni di corrente, carenza d'acqua o accesso limitato al cibo, ed è qui che le capacità di sopravvivenza diventano cruciali. Ad esempio, sapere come raccogliere e purificare l'acqua può prevenire la disidratazione, mentre sapere come accendere un fuoco può fornire calore e la capacità di cucinare il cibo. Anche se possiamo sperare di non affrontare mai queste sfide, avere la conoscenza può darci la sicurezza necessaria per gestire queste situazioni se mai dovessero presentarsi.

Per gli appassionati di outdoor, come escursionisti, campeggiatori e avventurieri, le capacità di sopravvivenza sono ancora più critiche. Nelle aree remote dove l'accesso agli aiuti è limitato, sapere come navigare nella natura selvaggia, costruire rifugi o chiedere aiuto non solo è utile ma può anche salvare vite umane. Anche gli escursionisti più esperti possono perdersi, ferirsi o incontrare condizioni meteorologiche impreviste. Avere capacità di sopravvivenza garantisce che le attività all'aperto rimangano sicure e divertenti, riducendo al minimo il rischio di danni.

Anche le abilità di sopravvivenza sono incredibilmente potenzianti. In un mondo in cui spesso dipendiamo da fonti esterne per tutto, essere in grado di prendersi cura di se stessi in situazioni difficili favorisce l'indipendenza e la fiducia in se stessi. Immagina di poter trovare cibo nella natura o creare un rifugio utilizzando solo i materiali che ti circondano. Queste sono abilità tramandate di generazione in generazione ed erano essenziali per la sopravvivenza dei nostri antenati. Imparandoli, ti connetti alla lunga storia dell'ingegno e della resilienza umana. Ciò non solo fornisce vantaggi pratici, ma dà anche un senso di realizzazione e fiducia che può trasferirsi in altri ambiti della vita.

Uno degli aspetti più importanti delle abilità di sopravvivenza è imparare a rimanere calmi e composti sotto pressione. In ogni situazione di emergenza, mantenere la mente lucida è fondamentale per prendere decisioni intelligenti. Questa preparazione mentale può prevenire il panico e consentirti di valutare l'ambiente circostante e intraprendere le azioni appropriate. Nell'addestramento alla sopravvivenza impari a valutare i rischi, a dare priorità alle tue esigenze e a utilizzare al meglio le risorse disponibili. Questo può aiutarti a rimanere concentrato sull'essenziale; riparo, acqua, fuoco e cibo, e anche per evitare errori inutili.

Un altro vantaggio dell'apprendimento delle abilità di sopravvivenza è che insegnano l'intraprendenza e la risoluzione dei problemi. In natura o in caso di emergenza, potresti non avere accesso a tutti gli strumenti o le forniture che utilizzeresti normalmente. Le abilità di sopravvivenza ti aiutano a pensare in modo creativo a come utilizzare ciò che hai. Che si tratti di utilizzare rami e foglie di alberi per costruire un riparo, accendere un fuoco senza fiammiferi o trovare fonti alternative di cibo, queste competenze incoraggiano l'innovazione e la capacità di adattarsi a condizioni difficili.

Il fuoco, ad esempio, è uno degli strumenti di sopravvivenza più importanti. Non solo fornisce calore, essenziale negli ambienti freddi, ma consente anche di cucinare il cibo, sterilizzare l'acqua e segnalare aiuto. Imparare ad accendere un fuoco da zero utilizzando materiali naturali è un'abilità preziosa, sia che ti trovi nella natura selvaggia o che tu stia affrontando un'interruzione di corrente a casa. Non si tratta solo di strofinare due bastoncini insieme, si tratta di comprendere i tipi di materiali che prendono fuoco facilmente, come disporli per ottenere il massimo calore e come mantenere il fuoco acceso in sicurezza.

L'acqua è un'altra risorsa fondamentale per la sopravvivenza. Sebbene la società moderna ci offra un facile accesso all'acqua potabile, molte situazioni di emergenza potrebbero costringerti a procurarti l'acqua da solo. Sapere come localizzare l'acqua in natura, sia essa proveniente da ruscelli, rugiada o fonti sotterranee, è fondamentale per evitare la disidratazione. Inoltre, non tutta l'acqua presente in natura è sicura da bere, quindi capire come filtrare e purificare l'acqua è altrettanto importante. Far bollire l'acqua, utilizzare sistemi di filtrazione naturale o utilizzare moderne compresse per la purificazione può fare una grande differenza nel garantire acqua potabile sicura.

Il riparo è un altro bisogno fondamentale di sopravvivenza. L'esposizione agli elementi, che si tratti di freddo, caldo, pioggia o vento, può mettere a rischio la tua vita. Sapere come costruire un rifugio con i materiali che trovi intorno a te può proteggerti dalle condizioni atmosferiche avverse. Non richiede attrezzature sofisticate; spesso, semplici strutture realizzate con rami, foglie o persino neve possono fornire una protezione sufficiente. Imparare diverse tecniche per costruire un rifugio è fondamentale, poiché l'ambiente in cui ti trovi determinerà il tipo di rifugio che funziona meglio.

Il cibo è, ovviamente, necessario per la sopravvivenza a lungo termine e sapere come trovare e preparare il cibo in natura può sostenerti in caso di emergenza. Mentre molte persone pensano alla caccia o alla pesca, c'è anche il foraggiamento;

identificare piante, frutti e radici commestibili forniti dalla natura. Questa abilità richiede la conoscenza delle piante locali e la comprensione di cosa è sicuro mangiare e cosa no. In situazioni di sopravvivenza, sapere come raccogliere e conservare il cibo in modo sicuro può mantenerti nutrito quando le fonti di cibo scarseggiano.

Anche per coloro che non trascorrono molto tempo all'aria aperta, le abilità di sopravvivenza sono utili anche negli ambienti urbani. Interruzioni di corrente, guasti alle infrastrutture o eventi meteorologici estremi possono lasciare le persone nelle città senza accesso ai bisogni di base. Capire come stare al caldo, conservare il cibo e raccogliere l'acqua in queste situazioni è importante tanto quanto lo è nella natura selvaggia.

Anche insegnare ai bambini le abilità di sopravvivenza fin dalla tenera età può essere estremamente utile. Queste abilità sviluppano resilienza, indipendenza e capacità di pensiero critico nelle giovani menti. Lezioni semplici come comprendere l'importanza dell'acqua, apprendere le basi del primo soccorso o come trovare un riparo possono fornire ai bambini preziose lezioni di vita che porteranno con sé nell'età adulta. Li aiuta anche a sviluppare il rispetto per la natura e la comprensione dell'equilibrio tra la vita umana e l'ambiente.

Le abilità di sopravvivenza non sono solo per gli avventurieri o per coloro che vivono in aree remote, sono vitali per tutti. Emergenze e situazioni impreviste possono capitare a chiunque, ed essere preparati con le abilità di sopravvivenza di base garantisce di avere le conoscenze e gli strumenti per gestirle con sicurezza. Queste abilità ci collegano con il nostro passato, ci danno potere nel presente e ci preparano per il futuro. Imparando a prenderci cura di noi stessi e di coloro che ci circondano, sviluppiamo un apprezzamento più profondo per il mondo in cui viviamo e diventiamo individui più autosufficienti, intraprendenti e resilienti.

# CAPITOLO 1

## Comprendere i principi fondamentali della sopravvivenza

**La regola del tre per la sopravvivenza: aria, riparo, acqua e cibo**

In ogni situazione di sopravvivenza, è importante sapere quali sono le tue priorità. È qui che entra in gioco la "Regola dei Tre di Sopravvivenza". Questa regola ti aiuta a ricordare cosa è più importante per mantenerti in vita quando le cose vanno male, e ti dà un'idea chiara di cosa concentrarti. La regola è semplice: puoi sopravvivere per circa tre minuti senza aria, tre ore senza riparo in condizioni difficili, tre giorni senza acqua e tre settimane senza cibo. Comprendere questo ordine di priorità è essenziale per prendere decisioni intelligenti quando si affronta una crisi.

Il primo e più critico elemento per la sopravvivenza è l'aria. Il nostro corpo dipende da una fornitura costante di ossigeno per funzionare e senza di essa possiamo sopravvivere solo per pochi minuti. Nella maggior parte delle situazioni, l'aria è qualcosa di cui non dobbiamo preoccuparci poiché è ovunque intorno a noi. Tuttavia, ci sono situazioni in cui questo potrebbe non essere il caso. Ad esempio, se ti trovi in un ambiente pieno di fumo, intrappolato sott'acqua o in un'area con gas tossici, l'accesso all'aria pulita e respirabile potrebbe essere interrotto. Ecco perché garantire una fonte d'aria pulita e sicura è la prima priorità nelle situazioni di sopravvivenza.

Se mai ti trovi in un ambiente in cui l'aria è compromessa, la chiave è agire rapidamente e con calma per trovare un modo per respirare in sicurezza. Ciò potrebbe significare scappare da un incendio, uscire da un edificio crollato o usare una maschera per filtrare le particelle nocive. Nelle emergenze idriche, come rimanere intrappolati sotto il ghiaccio o in una barca che affonda, sapere come controllare la respirazione e trovare una via per risalire in superficie è fondamentale. Anche cose semplici, come evitare il panico e conservare l'aria che hai, possono fare una grande differenza nelle tue possibilità di sopravvivenza.

Una volta che hai aria, il prossimo bisogno critico è un riparo. Il riparo ti protegge dagli elementi, che si tratti di freddo, caldo, pioggia o vento. Senza riparo, il corpo può perdere rapidamente calore o surriscaldarsi, a seconda dell'ambiente, il che può portare a condizioni potenzialmente letali come ipotermia o colpo di calore. La regola del tre ci dice che puoi sopravvivere per circa tre ore in condizioni difficili senza riparo, il che la rende la seconda priorità più importante dopo l'aria.

Il riparo può assumere molte forme a seconda dell'ambiente in cui ti trovi. In un clima freddo, ripararsi potrebbe significare trovare o costruire una struttura che blocchi il vento e intrappoli il calore corporeo. Potrebbe trattarsi di qualcosa di semplice come una tettoia fatta di rami, una grotta di neve o persino l'uso di un sacco a pelo e un telone per proteggersi dal vento. In un ambiente caldo e soleggiato, il riparo potrebbe comportare la creazione di ombra per prevenire colpi di calore utilizzando qualsiasi materiale disponibile, come rocce, piante o vestiti. La chiave è proteggere il proprio corpo dagli elementi per mantenere una temperatura corporea stabile.

Sapere come costruire un rifugio efficace è una delle abilità di sopravvivenza più utili che puoi avere. Anche se non disponi di strumenti o attrezzature, puoi comunque creare un rifugio semplice utilizzando materiali naturali come foglie, rami e terra. È anche importante scegliere un luogo per il tuo rifugio che sia sicuro, lontano da fonti d'acqua che potrebbero allagarsi e non sotto alberi da cui potrebbero cadere rami pesanti. Una volta che hai un rifugio, puoi prenderti il tempo per riposare e pianificare i tuoi prossimi passi in modo più sicuro.

La terza priorità è l'acqua. Il nostro corpo è composto per circa il 60% da acqua e ogni cellula del nostro corpo dipende dall'acqua per funzionare. Senza abbastanza acqua, ci disidratiamo, il che può causare vertigini, confusione e, infine, insufficienza d'organo. Anche se possiamo restare alcuni giorni senza acqua, quei giorni diventano più pericolosi con il passare delle ore. Il corpo può iniziare a spegnersi dopo soli tre giorni senza acqua.

Nelle situazioni di sopravvivenza, trovare una fonte affidabile di acqua pulita è fondamentale. In natura, l'acqua si trova spesso nei ruscelli, nei laghi o anche nella rugiada mattutina. Tuttavia, non tutte le fonti d'acqua sono sicure da bere direttamente. Bere acqua contaminata può portare a malattie gravi, come diarrea o vomito, che possono peggiorare la disidratazione. Ecco perché è importante sapere come purificare l'acqua se non sei sicuro della sua sicurezza. Puoi farlo facendo bollire l'acqua, utilizzando un sistema di filtraggio o aggiungendo pastiglie per la purificazione.

Se non hai accesso a fonti d'acqua ovvie come fiumi o laghi, puoi diventare creativo con altri metodi. Ad esempio, raccogliere l'acqua piovana è un ottimo modo per raccogliere acqua pulita in natura. Se non piove, potete sfruttare la rugiada mattutina sulle piante o anche raccogliere l'acqua scavando una buca nel terreno e coprendola con un telo di plastica per intrappolare la condensa. Qualunque sia il metodo utilizzato, è importante bere regolarmente per evitare la disidratazione e mantenere il corretto funzionamento del corpo.

Infine, il cibo è l'ultima priorità nella regola del tre per la sopravvivenza. Sebbene il cibo sia essenziale per l'energia e per il mantenimento della salute, il tuo corpo può sopravvivere fino a tre settimane senza di esso. Nelle situazioni di sopravvivenza, le persone spesso si preoccupano del cibo troppo presto quando dovrebbero concentrarsi prima su un riparo e sull'acqua. Questo perché, anche se la fame è scomoda, il tuo corpo può ancora funzionare a lungo senza mangiare. Ma, una volta soddisfatti i tuoi bisogni primari di aria, riparo e acqua, trovare cibo diventa importante per mantenere alti i tuoi livelli di energia, rimanere forte e pensare chiaramente.

In natura ci sono molti modi per trovare cibo se sai dove cercare. Puoi cercare piante commestibili, bacche e radici, ma devi stare attento e informato perché alcune piante sono velenose. La pesca è un altro ottimo modo per procurarsi il cibo in situazioni di sopravvivenza, così come intrappolare piccoli animali. Se ti trovi in una situazione di sopravvivenza per un lungo periodo, sapere come preparare e cucinare il cibo è altrettanto importante, soprattutto se catturi carne o pesce che potrebbero trasportare batteri se consumati crudi. Cucinare non solo migliora il sapore del cibo, ma uccide anche i germi nocivi che potrebbero farti ammalare.

È importante sapere che la raccolta del cibo richiede tempo e impegno, quindi in una situazione di sopravvivenza è saggio conservare le energie. Non passare troppo tempo a cercare cibo se ti lascia troppo esausto per affrontare bisogni più immediati come l'acqua o un riparo. Concentrati invece su fonti alimentari ad alto contenuto energetico che ti daranno il massimo nutrimento con il minimo sforzo. Noci, semi, pesce e piccola selvaggina possono fornire le calorie di cui il tuo corpo ha bisogno per andare avanti.

La regola del tre della sopravvivenza fornisce un modo chiaro e logico per dare priorità ai propri bisogni in una situazione di sopravvivenza. Innanzitutto, assicurati di avere accesso all'aria pulita. Successivamente, concentrati sulla costruzione di un riparo per proteggerti dagli elementi. Quindi, assicurati una fonte di acqua pulita e, infine, pensa a come trovare cibo per mantenere alta la tua energia. Questo ordine di priorità ti assicura di concentrarti prima sui bisogni più critici e di darti le migliori possibilità di sopravvivenza, indipendentemente da dove ti trovi o dalle condizioni che affronti. Ricordando e applicando questa regola, puoi mantenere la calma, prendere decisioni intelligenti e aumentare le tue possibilità di sopravvivenza anche nelle situazioni più difficili.

## Preparazione mentale: la chiave per mantenere la calma nelle emergenze

La preparazione mentale è uno degli aspetti più importanti della sopravvivenza in qualsiasi scenario di emergenza o sopravvivenza. Quando ti trovi in una situazione pericolosa o pericolosa per la vita, la tua capacità di mantenere la calma, pensare chiaramente e prendere decisioni rapide può fare la differenza tra la vita e la morte. Sebbene le abilità di sopravvivenza fisica come accendere un fuoco, trovare cibo o costruire un rifugio siano importanti, nessuna di queste ha importanza se non riesci a mantenere la mente concentrata e calma di fronte al pericolo.

Nelle situazioni di sopravvivenza, il tuo corpo risponde allo stress in modi che a volte possono funzionare contro di te. Quando hai paura, il tuo corpo entra in quella che è conosciuta come la risposta "lotta o fuga". Questa è una reazione naturale che aiuta a proteggerti dal pericolo. Il tuo cuore inizia a battere più velocemente, il tuo respiro accelera e i tuoi muscoli si irrigidiscono, preparandosi ad affrontare la minaccia o a scappare da essa. Anche se questa risposta può essere utile in determinate situazioni, come quando devi scappare da un animale selvatico, può anche rendere difficile pensare con lucidità e prendere decisioni razionali.

Quando il tuo corpo è in uno stato di panico, il tuo cervello non funziona sempre come dovrebbe. Potresti essere sopraffatto dalla paura, portandoti a scelte sbagliate, oppure potresti bloccarti e non essere in grado di intraprendere alcuna azione. Questo è il motivo per cui la preparazione mentale è così fondamentale negli scenari di sopravvivenza. Allenando la tua mente a rimanere calma e concentrata, puoi evitare il panico che offusca il tuo giudizio e prendere decisioni che ti terranno al sicuro.

Uno dei primi passi nella preparazione mentale è accettare che emergenze e situazioni imprevedibili possano verificarsi in qualsiasi momento. È importante essere consapevoli di questa realtà, ma non lasciarsi sopraffare. Essere preparati mentalmente non significa avere paura di ciò che potrebbe accadere; significa invece essere pronti a gestire le situazioni difficili quando si presentano. Una mente calma e preparata ha meno probabilità di farsi prendere dal panico, permettendoti di valutare la situazione in modo razionale e di elaborare un piano d'azione.

Mantenere la calma in caso di emergenza inizia con il controllo della respirazione. Quando sei preso dal panico, il tuo respiro diventa rapido e superficiale, il che può farti sentire più ansioso. Facendo respiri lenti e profondi, puoi aiutare il tuo corpo a rilassarsi e a riprendere il controllo sulle tue emozioni. Si tratta di una tecnica semplice che puoi praticare ovunque ed è uno dei modi più efficaci per calmarti di fronte allo stress. Una volta che il tuo respiro è stabile, puoi iniziare a pensare in modo più chiaro e concentrarti su ciò che deve essere fatto.

Un altro aspetto fondamentale della preparazione mentale è avere fiducia nelle proprie capacità. Se hai imparato le abilità di sopravvivenza di base, come accendere un fuoco, trovare l'acqua o navigare utilizzando una mappa, è più probabile che manterrai la calma in caso di emergenza. La fiducia nelle tue conoscenze e capacità ti dà la certezza di poter gestire la situazione. È anche importante ricordare che non tutti i problemi possono essere risolti immediatamente. A volte, la cosa migliore che puoi fare è aspettare il momento giusto per agire, e sapere quando restare e risparmiare energia è un segno di forza mentale.

Oltre a creare fiducia nelle tue capacità, praticare scenari realistici può aiutarti a preparare la tua mente per le emergenze. Ad esempio, se ti piace il campeggio o l'escursionismo, puoi esercitarti a creare rifugi o ad accendere fuochi in diverse condizioni. Svolgere queste attività in un ambiente sicuro ti consente di sentirti a tuo agio con loro, quindi se mai ti trovassi in una situazione di sopravvivenza reale, ti verranno più naturali. Più sei preparato, meno è probabile che ti lasci prendere dal panico quando le cose vanno male.

Un'altra importante abilità mentale nelle situazioni di sopravvivenza è rimanere positivi e concentrati sul compito da svolgere. Sebbene sia facile sentirsi sopraffatti dalle sfide che potresti dover affrontare, una mentalità positiva può fare la differenza. Quando ti concentri sui passi che devi compiere per rimanere al sicuro, come trovare un riparo, procurarti l'acqua o segnalare aiuto, mantieni la mente occupata con compiti produttivi piuttosto che con la paura. Rimanere concentrati sul tuo obiettivo mantiene la tua energia diretta verso la sopravvivenza, piuttosto che sprecata a preoccuparti di ciò che potrebbe accadere.

È anche utile suddividere i problemi più grandi in attività più piccole e più gestibili. Ad esempio, invece di pensare: "Come farò a sopravvivere per giorni qui fuori?" puoi concentrarti su ciò che devi fare per l'ora successiva. Forse questo significa trovare un posto sicuro dove riposare o raccogliere l'acqua. Facendo le cose un passo alla volta, eviterai di sentirti sopraffatto dal quadro più ampio e potrai fare progressi costanti verso la tua sopravvivenza.

La preparazione mentale implica anche saper gestire le proprie emozioni in situazioni difficili. Paura, ansia e persino tristezza sono reazioni normali quando si è in pericolo, ma è importante non lasciare che queste emozioni ti controllino. Riconoscere come ti senti è il primo passo, ma poi devi andare oltre quei sentimenti per concentrarti su cosa puoi fare per migliorare la tua situazione. Ciò non significa ignorare le proprie emozioni, ma piuttosto imparare a metterle da parte in modo da potersi concentrare sui passi pratici che è necessario compiere.

In una situazione di sopravvivenza di gruppo, la preparazione mentale include anche la capacità di lavorare bene con gli altri. Una comunicazione efficace e un lavoro di squadra possono aumentare notevolmente le tue possibilità di sopravvivenza. Condividere idee, fare a turno nella guida e sostenersi a vicenda può mantenere il gruppo concentrato e ridurre la possibilità che qualcuno vada nel panico. Se qualcuno nel gruppo diventa ansioso o spaventato, è importante aiutarlo a calmarsi parlando della situazione, offrendo rassicurazione e ricordandogli le abilità e le conoscenze che possono aiutare il gruppo ad avere successo.

La preparazione mentale implica anche prepararsi alla possibilità che le cose non sempre vadano secondo i piani. Anche con la migliore preparazione, le situazioni di sopravvivenza sono imprevedibili e sorgeranno sfide che non ti aspettavi. Rimanendo mentalmente flessibile e aperto al cambiamento, puoi adattarti alle nuove circostanze e trovare soluzioni creative ai problemi. Questa adattabilità è fondamentale per sopravvivere in natura o durante qualsiasi emergenza, dove le cose possono cambiare rapidamente e la capacità di mantenere la calma e pensare con i propri piedi diventa ancora più importante.

Uno degli aspetti più importanti della preparazione mentale è avere la volontà di sopravvivere. In molte situazioni di sopravvivenza, la sfida più grande non è la mancanza di cibo o acqua, ma la lotta mentale per andare avanti quando le cose sembrano senza speranza. Una forte volontà di sopravvivere può spingerti a continuare a provare, anche quando le probabilità sono contro di te. Questa forza mentale è ciò che consente alle persone di sopportare situazioni difficili più a lungo di quanto pensassero possibile. È importante ricordare a te stesso il motivo per cui vuoi sopravvivere, che sia per te stesso, per i tuoi cari o per l'obiettivo di superare la sfida.

La preparazione mentale è il fondamento della sopravvivenza. Mantenendo la calma, gestendo le tue emozioni, concentrandoti sui tuoi compiti e avendo fiducia nelle tue capacità, puoi aumentare le tue possibilità di sopravvivere anche alle situazioni più difficili. Una mente preparata è uno strumento potente che ti consente di prendere decisioni intelligenti ed evitare il panico che può portare a errori. La forza mentale, la fiducia e una mentalità positiva possono mantenerti sicuro, concentrato e andare avanti, indipendentemente dallo scenario di sopravvivenza che affronti.

# Priorità di sopravvivenza: valutazione dei rischi e delle risorse

In qualsiasi situazione di sopravvivenza, la capacità di valutare i rischi e dare priorità alle risorse è fondamentale per rimanere in vita. Quando ti trovi in una situazione di emergenza, le tue azioni immediate possono determinare se riuscirai a superare la situazione in sicurezza. Per prendere le decisioni migliori, devi valutare rapidamente il tuo ambiente, identificare potenziali pericoli e capire quali risorse sono a tua disposizione. Una volta valutati i rischi, puoi dare priorità alle tue azioni in base alle tue esigenze più urgenti, come proteggere un riparo, trovare acqua o evitare pericoli.

Il primo passo nella valutazione dei rischi è valutare l'ambiente circostante. Prenditi un momento per osservare dove sei e cosa succede intorno a te. Esistono pericoli immediati, come animali pericolosi, caduta di sassi, condizioni meteorologiche estreme o incendi? Ad esempio, se ti trovi in un'area soggetta a incendi o inondazioni improvvise, trovare un luogo sicuro lontano da tali minacce diventa una priorità assoluta. Devi anche essere consapevole di eventuali pericoli che potrebbero non essere immediatamente visibili, come terreno instabile o scogliere nascoste. Identificare tempestivamente questi rischi aiuta a prevenire gli incidenti e consente di rispondere adeguatamente prima che la situazione peggiori.

Oltre ai pericoli fisici, è necessario considerare i rischi ambientali, come le condizioni meteorologiche. Il tempo gioca un ruolo importante nella sopravvivenza. Il freddo o il caldo estremi possono essere pericolosi per la vita se non affrontati rapidamente. Ad esempio, l'ipotermia può verificarsi se si è esposti al freddo senza un'adeguata protezione. D'altra parte, il caldo estremo può causare disidratazione o colpi di calore. Se noti nuvole temporalesche, venti in aumento o temperature in calo, è essenziale agire rapidamente per trovare riparo e proteggersi dagli elementi.

Una volta identificati eventuali rischi immediati, il passo successivo è valutare la tua condizione e quella degli altri con te. Tu o qualcuno del tuo gruppo siete feriti? Hai l'energia per muoverti rapidamente se necessario? Se ci sono infortuni, prendersene cura diventa una priorità. Potrebbe essere necessario un primo soccorso di base per fermare l'emorragia, curare ustioni o fasciare ferite. Se qualcuno è in gravi condizioni, la necessità di cercare aiuto o di creare un luogo sicuro dove riposare può avere la precedenza su altri compiti.

Dopo aver valutato i rischi, è il momento di dare priorità alle tue esigenze di sopravvivenza in base alla "Regola del Tre di Sopravvivenza". Questa regola afferma che in condizioni estreme non è possibile sopravvivere per più di tre minuti senza aria, tre ore senza riparo in condizioni meteorologiche avverse, tre giorni senza acqua e tre settimane senza cibo. Queste linee guida possono aiutarti a prendere decisioni rapide su cosa fare prima.

L'aria è la preoccupazione più immediata. Se ti trovi in una situazione in cui non è disponibile aria pulita, ad esempio sei intrappolato in un'area piena di fumo o intrappolato in un edificio crollato, la tua prima priorità è trovare un modo per respirare in sicurezza. Spostarsi in un luogo dove si possa avere accesso all'aria fresca ed evitare il soffocamento. Una volta che la tua respirazione è sicura, puoi concentrarti su altre esigenze.

In condizioni meteorologiche estreme, il riparo diventa rapidamente la priorità successiva. Se fa molto freddo, nevica, piove o fa molto caldo, devi trovare o creare un riparo per proteggerti dagli elementi. Essere esposti a queste condizioni per troppo tempo può portare all'ipotermia o al colpo di calore, entrambi i quali possono essere fatali. Se hai tempo ed energie limitati, costruire un semplice rifugio o trovare un riparo naturale, come una grotta o alberi fitti, potrebbe essere il compito più importante da affrontare. La chiave è ridurre l'esposizione all'ambiente conservando le energie per altre attività.

L'acqua è un'altra priorità assoluta. La disidratazione può manifestarsi nel giro di poche ore, in particolare se ti stai esercitando o in un ambiente caldo. Per evitare ciò, è necessario individuare tempestivamente una fonte d'acqua affidabile. Cerca segni di acqua, come ruscelli, laghi o aree in cui si radunano gli animali. Se trovi dell'acqua, è importante purificarla prima di berla, poiché le fonti d'acqua naturali possono trasportare batteri o parassiti dannosi. Bollire l'acqua, utilizzare compresse per purificarla o filtrarla può renderla sicura da consumare. In situazioni in cui l'acqua scarseggia, è importante conservare le energie per ridurre la sudorazione e la perdita di liquidi.

Il cibo, anche se non è così immediato come l'acqua o un riparo, deve comunque essere una priorità dopo i primi giorni. La mancanza di cibo ti indebolirà nel tempo, rendendo più difficile svolgere compiti critici. In una situazione di sopravvivenza, devi essere intraprendente nel trovare cibo. Ciò potrebbe includere la ricerca di piante commestibili, l'installazione di trappole per piccoli animali o la pesca. Tuttavia, è importante bilanciare la ricerca del cibo con gli altri bisogni, soprattutto se l'energia è limitata.

Una volta risolti i tuoi bisogni immediati: aria, riparo, acqua e cibo, puoi iniziare a pensare ai rischi e alle soluzioni a lungo termine. Ad esempio, se sei bloccato in un'area remota, segnalare aiuto potrebbe diventare una priorità. Creare segnali grandi e visibili, come usare rocce per scrivere "AIUTO" o accendere un fuoco di segnalazione, può attirare i soccorritori. Se disponi di strumenti o materiali limitati, potrebbe essere necessario essere creativi nel trovare modi per comunicare la tua posizione agli altri.

In alcune situazioni di sopravvivenza, prendere decisioni rapide è fondamentale, ma è anche importante evitare di correre senza pensare alle conseguenze. Agire impulsivamente per paura o panico può portare a commettere errori, che potrebbero metterti ancora più in pericolo. Prendersi qualche minuto per calmare la mente e pensare chiaramente può aiutarti a valutare i rischi in modo più accurato e a fare scelte più intelligenti. Ad esempio, se ti perdi, potresti essere tentato di iniziare immediatamente a camminare in una direzione, ma di solito è meglio restare fermo o seguire un percorso noto finché non puoi raccogliere maggiori informazioni su dove ti trovi.

È anche importante valutare le risorse a tua disposizione. Ciò include tutto ciò che hai a portata di mano, come strumenti, indumenti e materiali, nonché ciò che si trova nel tuo ambiente. Ad esempio, un semplice pezzo di telo di plastica può essere utilizzato per raccogliere l'acqua piovana, mentre bastoncini e foglie possono essere utilizzati per costruire un riparo. È necessario dare la priorità alle risorse più importanti in base alle esigenze immediate. Ad esempio, se la temperatura sta scendendo, trovare materiali per un incendio o un isolante è più importante che trovare cibo.

Un ultimo aspetto della valutazione dei rischi e delle risorse è comprendere i propri limiti fisici e mentali. Fare sforzi eccessivi può portare all'esaurimento, il che rende più difficile pensare in modo chiaro e agire in modo efficiente. Invece di affrettarsi a svolgere le attività, è meglio conservare le energie e seguire il proprio ritmo. Rimanere calmi e concentrati su un compito alla volta aumenta le possibilità di successo, riducendo al contempo il rischio di commettere errori dovuti alla stanchezza o allo stress.

Affrontare con successo una situazione di sopravvivenza richiede un attento equilibrio tra valutazione del rischio e gestione delle risorse. Valutando l'ambiente circostante, affrontando i rischi immediati e dando priorità alle tue azioni in base alla regola del tre di sopravvivenza, puoi aumentare le tue possibilità di rimanere al sicuro e trovare una via d'uscita. Prendere decisioni rapide e ponderate su riparo, acqua, cibo e altri bisogni è fondamentale per sopravvivere, mentre rimanere calmi e intraprendenti ti aiuterà ad adattarti a qualsiasi sfida tu debba affrontare.

# CAPITOLO 2

# Scegliere la posizione perfetta per il rifugio di sopravvivenza

## Valutazione del terreno: cosa cercare in un luogo di rifugio sicuro

Quando ti trovi in una situazione di sopravvivenza nella natura selvaggia, uno dei primi compiti è selezionare un luogo in cui rifugiarsi. Il tuo rifugio ti proteggerà dagli elementi, dalla fauna selvatica e da altri potenziali pericoli. Tuttavia, non andrà bene un posto qualsiasi. Scegliere il terreno giusto è essenziale per garantire sicurezza, comfort e sopravvivenza. Quando si valuta il terreno è necessario considerare diversi fattori, tra cui l'elevazione, la vicinanza all'acqua e la protezione naturale. Comprendendo questi elementi, puoi prendere una decisione informata che aumenta le tue possibilità di stare al sicuro e a tuo agio.

L'elevazione è uno degli aspetti più importanti nella scelta del luogo del rifugio. Le alture offrono numerosi vantaggi in una situazione di sopravvivenza. Innanzitutto riduce il rischio di inondazioni. Le zone basse, soprattutto vicino a fiumi o laghi, sono più soggette alle inondazioni quando piove, il che può rendere pericolosa la posizione del tuo rifugio. Scegliere un terreno leggermente più alto ti assicura di non svegliarti in una pozza d'acqua o di essere spazzato via da improvvise inondazioni. Inoltre, le alture offrono una migliore visibilità, consentendoti di individuare potenziali pericoli, come predatori o tempeste in avvicinamento, a distanza. Inoltre, rende più facile vederti per le squadre di soccorso o altre persone, il che potrebbe essere cruciale in una situazione di sopravvivenza.

Tuttavia, è importante non andare troppo in alto. Sebbene il terreno elevato sia vantaggioso, l'esposizione a forti venti o temperature fredde può essere altrettanto pericoloso. Se ti trovi in una zona montuosa o collinare, prova a trovare un luogo sufficientemente alto da evitare inondazioni ma che offra comunque protezione dal vento. Ciò potrebbe comportare la ricerca di un'area riparata vicino ad alberi o rocce, che possa fungere da frangivento. L'esposizione al vento può assorbire rapidamente il calore corporeo, quindi è essenziale bilanciare l'elevazione con la protezione dagli elementi.

Un altro fattore critico è la vicinanza all'acqua. Anche se l'acqua è una necessità per la sopravvivenza, costruire il tuo rifugio troppo vicino a una fonte d'acqua può esporti a diversi pericoli. Fiumi, ruscelli o laghi possono esondare inaspettatamente, soprattutto dopo forti piogge o scioglimento della neve. Anche un ruscello dolce può diventare un torrente impetuoso durante una tempesta. Idealmente, dovresti essere abbastanza vicino all'acqua per un facile accesso ma abbastanza lontano per evitare il rischio di inondazioni. Una buona regola pratica è stare ad almeno 200 piedi di distanza da qualsiasi fonte d'acqua. Questa distanza garantisce che sia ancora possibile accedere all'acqua senza correre il pericolo immediato di inondazioni o attirare animali selvatici che potrebbero avvicinarsi all'acqua per bere.

Anche le fonti d'acqua sono importanti per il mantenimento dell'igiene. Essere vicino all'acqua ti consente di lavarti, di lavare i tuoi vestiti e di eventuali utensili che potresti utilizzare. Tuttavia, fai attenzione a dove raccogli l'acqua. Anche se le fonti d'acqua naturali sembrano pulite, possono trasportare batteri o parassiti dannosi. Purificare sempre l'acqua prima di berla, bollendola, filtrandola o utilizzando compresse purificanti.

Inoltre, scegliere un rifugio vicino all'acqua ti dà anche accesso a fonti di cibo, come pesci o piante commestibili che prosperano vicino all'acqua. Ma ricorda che essere troppo vicini all'acqua può anche attirare animali, compresi pericolosi predatori. Gli animali usano le fonti d'acqua per bere e l'ultima cosa che desideri è un incontro inaspettato con la fauna selvatica vicino al tuo rifugio. È meglio allestire il tuo rifugio a distanza di sicurezza, dove puoi osservare qualsiasi attività degli animali senza correre rischi.

La protezione naturale è un altro elemento essenziale nella valutazione del terreno per un rifugio. Cerca caratteristiche nell'ambiente che possano aiutarti a proteggerti dal vento, dalla pioggia o dal sole. Le barriere naturali, come alberi, scogliere, grandi rocce o colline, possono fornire un'eccellente protezione. Ad esempio, allestire il tuo rifugio vicino a una formazione rocciosa o contro un grande albero può proteggerti dal vento. Queste caratteristiche riducono anche l'esposizione al freddo e aiutano a mantenere il calore corporeo, il che è fondamentale se ti trovi in un clima più freddo. Le barriere naturali possono anche offrire una certa protezione dagli animali, riducendo le possibilità di incontro con animali selvatici pericolosi.

Quando si sceglie un luogo in cui rifugiarsi, prestare attenzione alla vegetazione della zona. Fitte foreste o fitti cespugli possono fornire isolamento e copertura naturali, aiutandoti a tenerti nascosto dai predatori. Tuttavia, comportano anche una serie di sfide. La fitta vegetazione può rendere più difficile individuare potenziali pericoli, come serpenti o insetti, e può limitare la visibilità dell'area circostante. È essenziale trovare un equilibrio: una copertura naturale sufficiente per proteggerti dagli elementi e dalla fauna selvatica, ma non così tanto da limitare la tua capacità di monitorare l'ambiente circostante.

Evita di allestire il tuo rifugio in aree che sembrano instabili o soggette a rischi naturali. Evitare ad esempio le zone alla base delle scogliere o sotto formazioni rocciose sciolte, poiché esiste il rischio di frane o caduta di massi. Allo stesso modo, fai attenzione alle aree in cui i grandi alberi sembrano malati o instabili, poiché potrebbero cadere durante forti venti o tempeste. Gli alberi o i rami morti, spesso chiamati "vedove", possono rappresentare un serio pericolo, quindi è meglio costruire il tuo rifugio lontano da loro.

Un'altra considerazione è l'orientamento del tuo rifugio. Se possibile, scegli un luogo in cui puoi affrontare l'apertura del tuo rifugio verso est. Ciò ti consente di catturare la prima luce del sole mattutino, che può aiutarti a riscaldarti dopo una notte fredda. Fornisce inoltre una visibilità anticipata, aiutandoti a vedere l'ambiente circostante non appena inizia la giornata. D'altra parte, evita di posizionare il tuo rifugio rivolto direttamente al vento o al percorso di una tempesta in arrivo, poiché ciò può rendere più difficile rimanere al caldo e all'asciutto.

Sebbene sia importante pensare al terreno, è altrettanto fondamentale valutare i propri livelli di energia e le proprie capacità fisiche quando si sceglie un luogo in cui rifugiarsi. Allestire un rifugio su un terreno ideale potrebbe comportare camminare un po' più lontano o salire su un terreno più elevato, ma non dovrebbe prosciugare le tue energie. Se sei esausto, è meglio trovare un posto decente che soddisfi la maggior parte dei criteri piuttosto che spingerti a trovare la posizione perfetta. Trovare un equilibrio tra il risparmio energetico e le esigenze di sopravvivenza è fondamentale.

Considera come il terreno influisce sui tuoi piani di sopravvivenza a lungo termine. Anche se potresti allestire un rifugio temporaneo, è importante pensare al futuro. Sarai in grado di raccogliere legna da ardere da questa posizione? Ci sono abbastanza materiali naturali in giro per contribuire a migliorare o rinforzare il tuo rifugio? Riesci a spostarti facilmente tra il tuo rifugio e altre aree chiave, come fonti d'acqua o vie di fuga sicure? Queste considerazioni garantiscono che il tuo rifugio non sia solo sicuro a breve termine ma anche sostenibile per un periodo più lungo, se necessario.

Scegliere il terreno giusto per il proprio rifugio nella natura selvaggia comporta un'attenta valutazione dell'ambiente circostante. Dare priorità all'elevazione, alla vicinanza all'acqua e alla protezione naturale aiuta a garantire la tua sicurezza e il tuo comfort. Prendendoti il tempo necessario per valutare il terreno, riduci i rischi di inondazioni, esposizione a condizioni meteorologiche avverse e incontri indesiderati con la fauna selvatica. La corretta ubicazione del rifugio può fare una differenza significativa nella tua capacità di sopravvivere e prosperare in un ambiente selvaggio.

## Evitare i rischi ambientali: acqua, vento e fauna selvatica

Quando si allestisce un rifugio nella natura selvaggia, è fondamentale evitare i rischi ambientali per garantire sicurezza e comfort. I tre rischi principali da considerare sono l'acqua, il vento e la fauna selvatica. Ciascuno presenta sfide uniche ed essere consapevoli di come affrontare e mitigare questi rischi può fare la differenza tra un rifugio sicuro e funzionale e uno che ti lascia vulnerabile ai danni.

L'acqua, pur essendo essenziale per la sopravvivenza, può anche rappresentare una minaccia significativa se non la gestisci con attenzione. Evitare i rischi legati all'acqua quando si sceglie il luogo del rifugio è fondamentale per rimanere asciutti, caldi e sicuri. Le inondazioni sono il pericolo più comune in prossimità di fonti d'acqua come fiumi, laghi o torrenti. Le forti piogge possono causare lo straripamento di questi specchi d'acqua, trasformando quello che sembrava un luogo sicuro in una pericolosa zona alluvionale. Per evitare ciò, è meglio costruire il tuo rifugio ad almeno 200 piedi di distanza da qualsiasi fonte d'acqua e su un terreno più elevato. Questa distanza non solo ti protegge da improvvise inondazioni, ma ti assicura anche che non ti sveglierai e non troverai il tuo rifugio sommerso dall'acqua. Riduce anche la probabilità di attirare insetti come le zanzare, che tendono a riprodursi vicino all'acqua.

Un altro pericolo legato all'acqua da evitare è allestire il rifugio in zone basse o in depressioni del terreno. Queste zone possono sembrare attraenti perché offrono una certa protezione dal vento, ma sono anche i primi posti in cui accumulare acqua quando piove. Anche se sei lontano da un fiume, l'acqua piovana può raccogliersi in questi avvallamenti e trasformare il tuo rifugio in un pasticcio fangoso e scomodo. Scegli un terreno leggermente rialzato e con pendenza dolce, in modo che l'acqua piovana scappi dal tuo rifugio invece di accumularsi attorno ad esso.

Sebbene l'acqua sia per certi versi un pericolo, è anche una risorsa necessaria. Assicurati che il tuo rifugio non sia troppo lontano da una fonte d'acqua, poiché ne avrai bisogno per bere, cucinare e per l'igiene. È fondamentale bilanciare la vicinanza all'acqua con la sicurezza di essere abbastanza lontani da evitarne i pericoli.

Il vento è un altro pericolo ambientale che può creare o distruggere la tua esperienza nel rifugio. I forti venti non solo possono rendere difficile stare al caldo, ma possono anche causare danni al tuo rifugio. I venti freddi possono privare rapidamente il corpo del calore, portando all'ipotermia nei climi più freddi. Per evitare l'esposizione al vento, è essenziale allestire il rifugio in un luogo che offra frangivento naturali, ad esempio dietro grandi rocce, alberi o colline. Queste barriere naturali ti proteggeranno dalla forza diretta del vento, aiutandoti a preservare il calore corporeo e a mantenere intatto il tuo rifugio.

Quando cerchi un luogo per ripararti, presta attenzione alla direzione dei venti dominanti. Idealmente, vuoi che l'ingresso del tuo rifugio sia rivolto lontano dal vento, in modo che le raffiche non vi soffino direttamente. Ciò renderà il tuo rifugio più caldo e confortevole. Se non disponi di un frangivento naturale, puoi crearne uno utilizzando i materiali che ti circondano, come rami o un telo, per formare una barriera che devia il vento.

In alcuni ambienti, il vento può anche trasportare sabbia, polvere o neve, a seconda del terreno. Nelle zone desertiche, i forti venti possono creare tempeste di sabbia che non solo riducono la visibilità ma possono anche danneggiare il tuo rifugio e irritare la pelle e gli occhi. Allo stesso modo, in ambienti innevati, il vento può soffiare la neve nel rifugio, rendendo difficile rimanere asciutti e caldi. In entrambi i casi, posizionare il rifugio dietro una barriera naturale o costruire muri con i materiali disponibili può aiutare a ridurre questi rischi. Evitare di posizionarsi in aree aperte e pianeggianti dove il vento non ha nulla che lo rallenti.

La fauna selvatica presenta rischi sia immediati che a lungo termine quando si tratta di dove rifugiarsi. Mentre la maggior parte degli animali evita gli esseri umani, alcuni animali selvatici possono rappresentare un pericolo se invadi inconsapevolmente il loro territorio, le fonti di cibo o le riserve idriche. Uno dei modi più semplici per evitare di attirare animali selvatici pericolosi è non allestire il rifugio troppo vicino all'acqua. Come accennato in precedenza, molti animali, come orsi, cervi o grandi felini, frequentano fonti d'acqua per bere, in particolare nelle prime ore del mattino o nella tarda serata. Scegliendo un rifugio più lontano da queste aree, riduci le possibilità di incontrare animali selvatici.

È anche importante evitare di allestire il rifugio vicino a sentieri di animali conosciuti o a un fitto sottobosco dove gli animali potrebbero nascondersi o nidificare. Di solito è possibile identificare le tracce degli animali cercando tracce, escrementi o sentieri usurati nell'erba o nella terra. Allestire un accampamento troppo vicino a questi percorsi aumenta la probabilità di un incontro. Inoltre, fai attenzione alle fonti di cibo, come cespugli di bacche o alberi da frutto, poiché possono attirare animali come orsi o procioni. Mantenere il rifugio lontano da queste aree ti aiuterà a evitare la visita inaspettata di un animale affamato.

Un'altra precauzione che puoi prendere è conservare correttamente il cibo e i rifiuti. Nelle aree selvagge, gli animali hanno un acuto senso dell'olfatto e gli odori del cibo possono attirarli nel tuo campeggio. Per evitare ciò, conserva il cibo in contenitori ermetici o appendilo a un albero ad almeno 100 piedi di distanza dal tuo rifugio. Ciò riduce il rischio che gli animali entrino nel tuo accampamento in cerca di cibo. Allo stesso modo, smaltisci eventuali rifiuti alimentari lontano dal tuo rifugio per ridurre al minimo gli odori.

Nelle aree in cui sono presenti predatori come gli orsi, potresti anche prendere in considerazione l'idea di creare una barriera attorno al tuo rifugio utilizzando materiali naturali o di creare un perimetro rumoroso utilizzando oggetti come lattine di metallo legate a una corda. Questo può avvisarti della presenza di animali selvatici nelle vicinanze, dandoti il tempo di rispondere in modo appropriato.

Oltre agli animali pericolosi, anche i parassiti più piccoli come insetti e roditori possono rappresentare un fastidio in una situazione di sopravvivenza. Evita di allestire il tuo rifugio vicino ad acqua stagnante o zone umide, poiché questi possono attirare zanzare e altri insetti pungenti. Se ti trovi in una zona in cui sono presenti zecche o altri insetti dannosi, scegli un luogo con poca erba alta o cespugli. Inoltre, cerca di evitare luoghi in cui sono presenti escrementi di animali, poiché possono attirare roditori e altri spazzini che potrebbero invadere il tuo rifugio.

Comprendere la fauna selvatica nell'area in cui stai allestendo il campo è importante. Effettuare una ricerca sui tipi di animali che popolano la regione prima del tuo viaggio può fornirti preziose informazioni sul loro comportamento e aiutarti a evitare potenziali pericoli. Ad esempio, alcuni animali sono più attivi di notte, quindi scegliere un luogo visibile durante le ore diurne può aiutarti a individuare i pericoli prima che cali la notte.

In conclusione, evitare i rischi ambientali durante l'allestimento del rifugio è essenziale per garantire sicurezza e comfort nella natura selvaggia. Selezionando attentamente la tua posizione per evitare pericoli d'acqua, proteggendoti dal vento e prestando attenzione alla fauna selvatica, aumenterai le tue possibilità di costruire un rifugio sicuro ed efficace. Queste precauzioni non solo ti tengono al sicuro, ma rendono anche il tuo rifugio più confortevole, permettendoti di risparmiare energia e concentrarti su altri importanti compiti di sopravvivenza.

# Comprensione dei microclimi e del loro impatto sui siti di rifugio

I microclimi sono condizioni meteorologiche piccole e localizzate che possono variare in modo significativo dal clima generale di un'area. Queste sacche climatiche uniche possono esistere in luoghi come valli, vicino a specchi d'acqua, nelle foreste o anche su diversi versanti di una collina. Comprendere i microclimi è essenziale quando si sceglie un rifugio nella natura selvaggia perché possono avere un impatto significativo su temperatura, vento, umidità e altri fattori che influenzano direttamente il comfort e la sopravvivenza.

In molti casi, un microclima può essere più caldo o più freddo dell'area circostante. Ad esempio, le aree basse come valli e depressioni tendono a raccogliere aria più fresca durante la notte, creando sacche fredde dove le temperature possono scendere più che ad altitudini più elevate. Questo fenomeno si verifica perché l'aria fredda è più densa dell'aria calda e tende a depositarsi nelle zone più basse. Se allestisci il tuo rifugio in una valle, potresti sperimentare temperature più fredde di notte, anche se il giorno era caldo. Ciò può aumentare il rischio di ipotermia, soprattutto in situazioni di sopravvivenza in cui restare al caldo è fondamentale. Per evitare ciò, è meglio posizionare il rifugio su un terreno leggermente rialzato, dove è probabile che la temperatura dell'aria sia più stabile e più calda durante la notte.

D'altra parte, le quote più elevate spesso presentano una serie di sfide. Sebbene sia possibile evitare le sacche fredde delle valli, le creste e le colline esposte tendono a essere colpite da venti più forti. Il vento può ridurre rapidamente la temperatura corporea attraverso un processo chiamato vento gelido, in cui l'effetto rinfrescante del vento la fa sembrare molto più fredda della temperatura effettiva. Se il tuo rifugio si trova in una zona ventosa, stare al caldo può essere difficile e il tuo rifugio potrebbe persino essere danneggiato da forti raffiche. In questi casi, la scelta di un sito con frangivento naturali, come grandi rocce, alberi o pendii, è essenziale per ridurre l'impatto del vento.

Un altro aspetto importante dei microclimi è l'effetto della vegetazione. Le fitte foreste creano il proprio microclima, offrendo più ombra e temperature più fresche durante il giorno rispetto alle aree aperte. Ciò può essere utile nei climi caldi dove evitare la luce solare diretta è essenziale per prevenire la disidratazione e il colpo di calore. Tuttavia, le aree boschive possono anche trattenere l'umidità, rendendole più fresche e umide di notte, il che potrebbe causare disagio se il rifugio non è adeguatamente isolato. Inoltre, il terreno bagnato può aumentare il rischio di esposizione a insetti, muffe e freddo. Quando si sceglie un luogo in cui rifugiarsi in una foresta, è essenziale trovare un equilibrio tra stare al fresco durante il giorno e stare all'asciutto e al caldo di notte. Cerca punti leggermente rialzati che consentano il drenaggio pur beneficiando dell'ombra e della protezione dal vento fornita dalla foresta.

La vicinanza all'acqua può anche creare un microclima unico. Le aree vicino a fiumi, laghi o oceani tendono ad essere più umide, il che può avere effetti sia positivi che negativi. Una maggiore umidità può rendere le temperature più calde negli ambienti freddi perché l'aria umida trattiene il calore meglio dell'aria secca. Tuttavia, negli ambienti caldi, l'umidità può far sentire molto più caldo perché il sudore non evapora così rapidamente, riducendo la capacità del corpo di raffreddarsi. Inoltre, gli specchi d'acqua possono aumentare le possibilità di incontrare nebbia o foschia, che possono rendere l'area circostante umida e scomoda. La vicinanza all'acqua attira anche più insetti, che possono diventare un fastidio o addirittura un rischio per la salute in situazioni di sopravvivenza. Quando scegli un rifugio vicino all'acqua, tieni presente questi fattori e assicurati di non essere troppo vicino per evitare gli impatti negativi dell'umidità.

Anche l'orientamento del terreno può creare microclimi, soprattutto nelle zone collinari o montane. Il lato di una collina rivolto al sole (spesso chiamato lato "esposto al sole" o "sud" nell'emisfero settentrionale) sarà generalmente più caldo durante il giorno poiché riceve più luce solare diretta. Ciò può essere vantaggioso nei climi più freddi, dove si desidera massimizzare il calore durante il giorno. Tuttavia, può anche rendere più difficile rimanere freschi negli ambienti più caldi. Al contrario, il lato di una collina ombreggiato dal sole rimarrà più fresco e potrà offrire sollievo dal caldo intenso. Questo lato è spesso conosciuto come il lato "ombreggiato" o "settentrionale". Il trucco sta nello scegliere il lato destro della collina a seconda delle condizioni di temperatura che stai affrontando. Quando fa freddo, cerca le zone soleggiate, mentre quando fa caldo, cerca luoghi ombreggiati per evitare il surriscaldamento.

Un altro aspetto dei microclimi è la presenza di vapore acqueo o rugiada. In alcune zone, soprattutto vicino a fonti d'acqua o nelle valli basse, l'accumulo di umidità nell'aria può provocare una forte formazione di rugiada durante la notte. Questa rugiada può rendere tutto umido, il che può essere scomodo e rendere più difficile stare al caldo. Quando allestisci il tuo rifugio in un'area soggetta a rugiada, è importante creare una qualche forma di impermeabilizzazione, tramite un telo o materiali naturali che possano proteggerti dall'umidità.

I modelli del vento sono un altro fattore significativo nei microclimi. Nelle zone costiere, ad esempio, le brezze marine si sviluppano quando l'aria fresca proveniente dall'acqua si sposta verso l'interno, sostituendo l'aria calda che sale sulla terraferma. Questi venti possono essere un sollievo durante il giorno ma possono diventare freddi di notte. Comprendere questi modelli di vento locali può aiutarti a posizionare il tuo rifugio per sfruttare le brezze rinfrescanti durante la stagione calda o per proteggerti dai venti freddi quando la temperatura scende.

Negli ambienti desertici, i microclimi svolgono un ruolo ancora più pronunciato. I deserti spesso sperimentano variazioni estreme di temperatura tra il giorno e la notte, dove può fare un caldo torrido durante il giorno e un freddo gelido di notte. In questi luoghi, ripararsi vicino a rocce o canyon può fornire una preziosa ombra durante le ore più calde della giornata, mentre di notte, quelle stesse rocce potrebbero irradiare parte del calore che hanno assorbito durante il giorno, aiutandoti a mantenerti al caldo.

I microclimi possono anche influenzare la disponibilità di risorse come cibo e legna da ardere. Le aree più fresche e umide tendono a supportare una maggiore crescita delle piante, che possono fornire materiali per la costruzione di rifugi, combustibile per gli incendi e possibilmente piante commestibili. Al contrario, le aree più secche ed esposte potrebbero essere più sterili, limitando l'accesso a queste risorse cruciali. Quando selezioni un sito per il rifugio, pensa a quali risorse sono disponibili nell'area e in che modo il microclima influisce sulla loro abbondanza.

È essenziale considerare i modelli meteorologici e il modo in cui interagiscono con i microclimi. Ad esempio, i sistemi temporaleschi potrebbero influenzare un lato di una catena montuosa più dell'altro. Questo fenomeno, noto come "effetto ombra della pioggia", si verifica quando l'aria umida proveniente dall'oceano sale e si raffredda mentre si muove su una montagna. Il raffreddamento fa sì che la pioggia cada sul lato sopravvento della montagna, lasciando asciutto il lato sottovento. Comprendere questi modelli meteorologici locali può aiutarti a scegliere un luogo di rifugio che rimanga asciutto durante i temporali o che eviti le aree soggette a inondazioni o smottamenti.

Comprendere i microclimi e il loro impatto sui siti di rifugio è fondamentale per la sopravvivenza. Prestando attenzione alle variazioni di temperatura, alle caratteristiche del vento, ai livelli di umidità e alla disponibilità di risorse nell'ambiente circostante, puoi selezionare un luogo di rifugio che offra comfort e sicurezza. Questa conoscenza consente di prendere decisioni informate, evitare rischi ambientali e massimizzare i benefici del clima locale minimizzandone i rischi.

# CAPITOLO 3

# Tecniche di costruzione di rifugi per vari ambienti

## Capanne e capanne di detriti: costruzioni rapide in aree boschive

Costruire rifugi è una delle abilità di sopravvivenza più cruciali e, negli ambienti boscosi, le capanne di detriti e le tettoie sono due delle opzioni più efficaci e facili da costruire. Questi rifugi si basano sui materiali naturali disponibili nella foresta, come rami, foglie e detriti, per creare strutture sicure e isolate. Entrambi forniscono protezione dagli elementi e imparare a costruirli in modo rapido ed efficiente può fare la differenza di fronte a una situazione di sopravvivenza. Ecco una guida dettagliata per costruire ogni tipo di rifugio.

La capanna dei detriti è uno dei rifugi più semplici che puoi costruire in un'area boschiva. Utilizza bastoncini, foglie e altri detriti naturali per creare una struttura isolata e resistente agli agenti atmosferici che ti mantiene caldo intrappolando il calore corporeo. La capanna per detriti funziona bene in condizioni di freddo, soprattutto quando il tempo è essenziale ed è necessaria una soluzione rapida.

Per iniziare a costruire una capanna di detriti, la prima cosa che devi fare è trovare un solido palo di colmo. Il palo di colmo è la struttura portante del rifugio. Dovrebbe essere un ramo robusto e lungo, più alto di te e abbastanza forte da sostenere il peso del resto della struttura. Una volta ottenuto il palo di colmo, cerca due bastoncini o rami biforcuti, ciascuno all'altezza della vita. Questi serviranno come supporti per il palo di colmo.

Conficca i due bastoncini biforcuti nel terreno a circa 6 piedi di distanza, assicurandoti che siano stabili. Posiziona un'estremità del palo di colmo nelle forcelle dei bastoncini, inclinando l'altra estremità verso il basso finché non tocca il suolo. Questo creerà il telaio inclinato per il tuo rifugio. Il palo del colmo deve essere posizionato saldamente in modo che non si muova o collassi.

Successivamente, raccogli dei bastoncini robusti per formare le nervature del tuo rifugio. Questi bastoncini dovrebbero essere lunghi all'incirca quanto il tuo braccio. Appoggiateli al palo del colmo su entrambi i lati, distanziandoli di qualche centimetro l'uno dall'altro. Le nervature costituiranno la struttura di base del rifugio, quindi assicurati che siano robuste e non crollino sotto il peso dei detriti che aggiungerai in seguito. Una volta posizionate le nervature, dovrebbe apparire come un piccolo tunnel inclinato.

Adesso arriva il passo cruciale: l'isolamento. Nelle aree boschive, di solito c'è abbondanza di foglie, aghi di pino ed erba sul suolo della foresta. Ti consigliamo di accumulare la maggior quantità possibile di questi detriti naturali sopra le costole. Questo strato dovrebbe essere spesso, mirare ad almeno 2 piedi di profondità. I detriti intrappoleranno l'aria e creeranno isolamento, che è ciò che ti manterrà caldo all'interno del rifugio. Più spesso è l'isolamento, migliore sarà la protezione dal freddo e dal vento.

Mentre ammucchi i detriti sulla struttura, presta particolare attenzione al lato sopravvento del rifugio, dove il vento è più forte. Uno strato più spesso su questo lato impedirà l'ingresso di correnti fredde. Puoi anche accumulare più detriti sui bordi inferiori del rifugio per impedire al vento di penetrare da sotto.

Per l'ingresso della capanna dei detriti, lascia un piccolo foro abbastanza grande da permetterti di strisciare all'interno. Puoi aggiungere una porta impilando più detriti davanti all'apertura una volta che sei all'interno, il che aiuta a trattenere il calore.

All'interno della capanna, dovresti anche aggiungere detriti morbidi come foglie secche o erba come lettiera. Questo ti solleverà dal terreno freddo, aggiungendo un altro strato di isolamento.

La tettoia è un'altra opzione di riparo efficace, soprattutto se hai bisogno di qualcosa che possa essere installato rapidamente in un'area boscosa. È semplice da costruire e offre protezione dalla pioggia e dal vento, anche se non è isolato come una capanna di detriti. La tettoia è ideale in condizioni climatiche miti o quando hai bisogno di una soluzione rapida per rimanere asciutto.

Per iniziare, cerca un albero grande e solido che fungerà da supporto principale per la tua tettoia. L'albero dovrebbe essere abbastanza robusto da sostenere il peso del tetto del rifugio. Una volta trovato un buon albero, seleziona un ramo lungo e forte che fungerà da supporto del tetto. Questo ramo dovrebbe essere lungo circa 6-8 piedi, a seconda di quanto vuoi che sia grande il rifugio. Dovrebbe essere abbastanza robusto da sostenere il peso di rami e detriti aggiuntivi.

Appoggia un'estremità del ramo contro l'albero all'altezza della vita e inclina l'altra estremità verso il suolo. Questo creerà il tetto inclinato della tettoia. Assicurati che il ramo sia sicuro e stabile contro l'albero prima di procedere.

Successivamente, raccogli rami dritti che siano lunghi circa il tuo braccio. Questi serviranno come nervature del tetto del rifugio. Appoggia questi rami contro il ramo di supporto principale, distanziandoli uniformemente per creare la cornice del tetto. Le nervature dovrebbero inclinarsi verso il basso, formando una superficie inclinata che consentirà alla pioggia di defluire.

Una volta posizionata la struttura, dovrai aggiungere la paglia per creare un tetto. In un'area boscosa, puoi utilizzare foglie grandi, rami di pino, corteccia o persino pezzi di muschio per ricoprire il tetto. Inizia dal fondo del rifugio e stendi i materiali di paglia sulle nervature, procedendo verso l'alto. Gli strati dovrebbero sovrapporsi, come tegole, per evitare che la pioggia penetri.

Per una maggiore protezione contro la pioggia, puoi accumulare ulteriori detriti sulla parte superiore del tetto per creare una barriera più spessa. Proprio come con la capanna dei detriti, prestare attenzione alla direzione del vento quando si aggiungono detriti. Più spesso è lo strato sul lato sopravvento, migliore sarà la protezione del riparo dagli elementi.

Per rendere la tua tettoia più confortevole, puoi costruire un riflettore antincendio davanti all'apertura. Questo viene fatto impilando rocce o tronchi per creare un muro che riflette il calore del fuoco verso il tuo rifugio. Il calore ti aiuterà a tenerti al caldo, anche se la tettoia stessa non è isolata come una capanna di detriti. Assicurati solo di posizionare il fuoco abbastanza lontano dal rifugio per evitare qualsiasi rischio di propagazione dell'incendio.

Sia la capanna detriti che la tettoia sono efficaci rifugi di sopravvivenza nelle aree boschive. La capanna per i detriti è eccellente per gli ambienti più freddi dove l'isolamento è fondamentale, mentre la tettoia è più adatta per le condizioni più miti o quando hai bisogno di una soluzione rapida per rimanere asciutto. In entrambi i casi, l'utilizzo di materiali naturali provenienti dall'ambiente circostante consente di costruire un rifugio che si fonde con l'ambiente fornendo allo stesso tempo una protezione essenziale dagli elementi.

Comprendendo queste tecniche di base per costruire un rifugio, sarai meglio equipaggiato per sopravvivere nella natura selvaggia. Che tu stia cercando protezione dal freddo o dalla pioggia, questi rifugi offrono modi semplici ma efficaci per rimanere al sicuro e a tuo agio nella natura.

## Pensiline ad A e soluzioni con telone: opzioni minimaliste

Quando si tratta di sopravvivere nella natura selvaggia, avere un rifugio affidabile e semplice è fondamentale. Due opzioni minimaliste facili da costruire e che richiedono pochi strumenti sono i rifugi con struttura ad A e i rifugi con telone. Entrambe queste opzioni sono ottime quando hai bisogno di qualcosa di rapido, efficace e versatile, soprattutto quando le risorse o il tempo sono limitati. Offrono protezione dagli elementi e ti consentono di massimizzare la tua energia per altri compiti di sopravvivenza.

Un rifugio con struttura ad A è uno dei tipi di rifugio più semplici ed efficaci che puoi costruire in un ambiente selvaggio. Si chiama A-frame perché la struttura ricorda la lettera "A" se vista di fronte. Questo rifugio è altamente versatile e, se costruito correttamente, fornisce protezione dalla pioggia, dal vento e persino dal freddo.

Per costruire un rifugio con struttura ad A, dovrai iniziare trovando un palo di colmo. Il palo di colmo è un ramo o palo lungo e robusto che fungerà da spina dorsale del tuo rifugio. Idealmente, il palo del colmo dovrebbe essere leggermente più alto di te e abbastanza lungo da accogliere tutto il tuo corpo quando sei sdraiato. Puoi anche usare una corda legata tra due alberi che serva da palo di colmo se non è disponibile un ramo adatto.

Una volta ottenuto il palo di colmo, dovrai trovare due rami biforcuti che fungano da supporti. Dovrebbero essere abbastanza alti da sostenere il palo del colmo sopra il terreno ad un'altezza comoda, solitamente intorno all'altezza della vita. Conficca questi rami biforcuti nel terreno in modo che formino una base stabile. Posiziona un'estremità del palo di colmo nelle biforcazioni dei rami, con l'altra estremità appoggiata a terra. Questo crea la struttura di base del tuo A-frame.

Ora che il telaio è a posto, dovrai raccogliere bastoncini o rami dritti per formare le pareti del rifugio. Questi rami dovrebbero essere lunghi all'incirca quanto il braccio e abbastanza spessi da fornire supporto. Appoggiali al palo del colmo su entrambi i lati, creando una forma ad "A" inclinata. Assicurati che i rami siano posizionati vicini per bloccare il vento e la pioggia.

Dopo aver costruito il telaio, ti consigliamo di aggiungere uno strato di materiale isolante all'esterno del rifugio. Possono essere foglie, erba, rami di pino o qualsiasi altro detrito naturale che riesci a trovare. L'obiettivo è creare uno spesso strato resistente alle intemperie che ti manterrà asciutto e caldo all'interno del rifugio. Impila questo materiale su entrambi i lati del telaio ad A, assicurandoti di coprire completamente il rifugio. Più spesso è lo strato, migliore sarà l'isolamento dagli elementi.

Per l'ingresso, puoi lasciare aperta un'estremità del telaio ad A o bloccarla parzialmente con detriti aggiuntivi per ridurre al minimo le correnti d'aria. All'interno del rifugio puoi anche creare un letto di detriti morbidi per sollevarti dal terreno freddo e aggiungere ulteriore isolamento.

Il rifugio con struttura ad A è un'ottima opzione perché è veloce da costruire, offre una buona protezione e richiede strumenti o materiali minimi. Può essere adattato a diversi climi regolando lo spessore dello strato isolante o aggiungendo più copertura ai lati.

Un'altra opzione minimalista è il telone di copertura, che è altamente versatile e ancora più facile da installare rispetto a un telaio ad A. Tutto ciò di cui hai bisogno è un telo (o anche un grosso pezzo di plastica, un poncho o qualsiasi materiale impermeabile) e una corda o un paracord. I teloni sono leggeri, compatti e possono essere ripiegati per adattarsi a qualsiasi zaino, rendendoli un'opzione di rifugio ideale sia per le attività all'aperto pianificate che per le situazioni di sopravvivenza di emergenza.

La configurazione del telone più comune ed efficace è il telone con struttura ad A. Per configurarlo, inizia trovando due alberi distanti circa 8-10 piedi l'uno dall'altro. Lega un'estremità della corda attorno a un albero all'altezza della vita, quindi allunga la corda fino all'altro albero, legandola saldamente. Questo crea la linea di colmo centrale per il tuo telone di copertura.

Una volta impostata la linea di colmo, drappeggia il telo sopra la corda in modo che formi un tetto spiovente. Ti consigliamo di posizionare il telo in modo che sia distribuito uniformemente su entrambi i lati della linea di colmo. Se il tempo è particolarmente ventoso o piovoso, puoi inclinare i lati del telo in modo più ripido per creare una migliore protezione. Fissa gli angoli del telo al terreno utilizzando paletti, rocce o anche bastoncini.

Quanto più stretto è il telo, tanto più stabile e resistente agli agenti atmosferici sarà il tuo rifugio.

In climi freddi o umidi, è possibile regolare l'impostazione abbassando la linea di colmo più vicino al terreno. Ciò ridurrà la quantità di vento e pioggia che possono entrare nel rifugio. D'altra parte, se ti trovi in un ambiente caldo o secco, puoi alzare la linea del colmo per creare un migliore flusso d'aria e mantenere il rifugio fresco.

Un'altra configurazione popolare del telone è il telone inclinato. Per questa configurazione, dovrai solo legare un bordo del telo agli alberi o a una linea di colmo centrale. L'altro bordo del telo è fissato direttamente al terreno, creando un tetto inclinato che fornisce protezione dal vento e dalla pioggia mantenendo un lato aperto. Il lato aperto del riparo può essere rivolto lontano dal vento, consentendo un migliore flusso d'aria pur mantenendoti asciutto.

Se non hai a disposizione alberi o supporti, puoi comunque creare un riparo in telo utilizzando bastoni o bastoncini da trekking. Posiziona semplicemente i pali all'altezza desiderata per il tuo rifugio, lega il telo alla parte superiore dei pali e fissa i bordi. Questo crea un telone di copertura autoportante che funziona bene in ambienti più aperti come campi o spiagge.

Uno dei maggiori vantaggi delle coperture in telo è la loro flessibilità. Puoi regolare le dimensioni, la forma e il posizionamento del telo in base al tuo ambiente e alle condizioni meteorologiche. Puoi anche creare più configurazioni a seconda delle tue esigenze. Ad esempio, se hai bisogno di una copertura antipioggia rapida durante un breve acquazzone, puoi installare un semplice telo sopraelevato con solo due punti di supporto. Se hai bisogno di una protezione completa dal vento e dalla pioggia durante il pernottamento, puoi costruire una struttura più chiusa.

I teloni possono essere utilizzati anche per integrare altri rifugi. Ad esempio, puoi stendere un telo sopra un rifugio con struttura ad A per aggiungere un ulteriore strato di impermeabilizzazione. Oppure puoi usare un telo come copertura del terreno per proteggerti dall'umidità sul suolo della foresta.

In qualsiasi situazione di sopravvivenza, avere un'opzione di rifugio minimalista come un telaio ad A o un telo può essere un vero toccasana. Questi rifugi richiedono pochi strumenti e possono essere costruiti rapidamente con materiali facilmente disponibili o facilmente trasportabili. Il telaio ad A offre un'ottima protezione con materiali naturali, mentre il telone di copertura offre la massima flessibilità e resistenza alle intemperie. Entrambi questi rifugi sono abilità di sopravvivenza efficaci, semplici ed essenziali che tutti dovrebbero imparare.

# Grotte di neve e rifugi nel deserto: sopravvivenza specializzata negli estremi

Quando si sopravvive in ambienti estremi come regioni innevate o deserti, costruire il giusto riparo è fondamentale per proteggersi dalle condizioni atmosferiche avverse. Le grotte di neve e i rifugi nel deserto sono tecniche specializzate progettate per aiutarti a resistere a questi estremi fornendo isolamento e protezione. Ogni ambiente pone sfide uniche, quindi capire come costruire rifugi adeguati può fare la differenza tra la vita e la morte.

Negli ambienti freddi e nevosi, stare al caldo è la tua massima priorità. La temperatura dell'aria può scendere pericolosamente in basso e la neve stessa può fungere sia da ostacolo che da risorsa per la sopravvivenza. Le grotte di neve sono un'eccellente opzione di rifugio in tali condizioni perché la neve è un isolante naturale. Se costruita correttamente, una grotta di neve può intrappolare il calore corporeo e proteggerti dal vento gelido.

Il primo passo nella costruzione di una grotta di neve è scegliere la posizione giusta. Ti consigliamo di trovare un cumulo di neve profondo o un'area in cui la neve è abbastanza compatta da essere stabile ma comunque facile da scavare. Evitare le zone vicine a zone valanghive o con neve troppo debole perché potrebbero crollare facilmente. Un pendio o un'area riparata con un frangivento naturale possono fornire una protezione aggiuntiva.

Una volta trovato un luogo adatto, inizia scavando una trincea nella neve. Questa trincea fungerà da ingresso alla tua grotta di neve. Dovrebbe essere abbastanza profondo da poter iniziare a scavare orizzontalmente nel cumulo di neve per creare la camera principale della grotta. L'ingresso dovrebbe inclinarsi leggermente verso l'alto, creando un pozzo di aria fredda, questo permette all'aria più fredda di depositarsi sul fondo mantenendo l'aria più calda vicino al soffitto, dove ti troverai.

Mentre scavi la camera principale, cerca di mantenere il soffitto arrotondato, come l'interno di un igloo. Questa forma a cupola aiuta a distribuire uniformemente il peso della neve, riducendo il rischio di collasso. Le pareti e il soffitto dovrebbero avere uno spessore di almeno 30 cm per fornire un isolamento sufficiente e stabilità strutturale. Puoi testare la resistenza della tua caverna spingendo delicatamente sulle pareti e sul soffitto. Se la neve sembra molle o friabile, potrebbe essere necessario comprimerla per renderla più resistente.

All'interno della grotta, ritaglia una piattaforma rialzata per dormire. La piattaforma dovrebbe essere più alta dell'ingresso, garantendo che l'aria fredda rimanga sotto di te. Se possibile, copri la piattaforma con uno strato di materiale isolante come rami di pino, foglie o anche indumenti extra.

Ciò ti aiuterà a tenerti lontano dalla neve fredda e a trattenere il calore corporeo.

La ventilazione è un altro aspetto cruciale della sopravvivenza delle grotte di neve. Senza un adeguato flusso d'aria, la grotta può intrappolare umidità e anidride carbonica, il che può portare al soffocamento. Per evitare ciò, pratica un piccolo foro nel soffitto con un bastone o un bastoncino da sci per consentire la circolazione dell'aria fresca. Tieni d'occhio il foro di ventilazione, poiché potrebbe chiudersi a causa della condensa o della neve caduta, quindi è importante controllarlo e pulirlo regolarmente.

Sebbene una grotta di neve offra un eccellente isolamento, è comunque necessario adottare misure per prevenire l'ipotermia. Indossa strati di vestiti e cerca di rimanere il più asciutto possibile. Se inizi a sudare mentre scavi, fermati e rimuovi uno strato per evitare di inzuppare i vestiti. Gli indumenti bagnati perdono le loro proprietà isolanti e aumentano il freddo.

Al contrario, gli ambienti desertici presentano una serie di sfide di sopravvivenza completamente diverse. Qui, il caldo estremo durante il giorno e il rapido raffreddamento notturno richiedono di trovare un riparo che possa proteggervi sia dall'esposizione al sole che dalle fredde notti del deserto. I rifugi nel deserto sono progettati per fornire ombra, ridurre l'esposizione al sole e isolare dagli sbalzi di temperatura che possono verificarsi nelle regioni aride.

Quando costruisci un rifugio nel deserto, la tua prima priorità è trovare l'ombra o crearla tu stesso. Elementi naturali come **sporgenze rocciose, scogliere o grandi massi** possono offrire sollievo dal sole intenso. Se non è disponibile alcuna ombra naturale, puoi utilizzare indumenti, teloni o qualsiasi materiale disponibile per creare una struttura ombreggiante improvvisata. Allunga il materiale tra pali o bastoncini per creare una tettoia, assicurandoti che sotto ci sia spazio per il flusso d'aria. Ciò consente il raffreddamento e aiuta a prevenire l'accumulo di calore all'interno del rifugio.

Il design del tuo rifugio nel deserto dovrebbe concentrarsi sulla massimizzazione della ventilazione. A differenza degli ambienti freddi in cui vuoi intrappolare il calore, nel deserto il tuo obiettivo è rimanere fresco. Una semplice struttura a tettoia, con un lato aperto alla brezza, può consentire all'aria di circolare fornendo allo stesso tempo ombra. Il tetto del rifugio dovrebbe essere sufficientemente alto da consentire la fuoriuscita dell'aria calda, ma sufficientemente basso da fornire ampia ombra.

Un'altra opzione per un rifugio nel deserto è la piroga. Nelle aree in cui il terreno è abbastanza morbido da poter essere scavato, puoi scavare una trincea poco profonda o una fossa in cui sdraiarti.

Copri la parte superiore della trincea con rami, erba o un telo, creando un'area ombreggiata mentre il terreno stesso aiuta a rinfrescare il corpo . La terra mantiene temperature più basse dell'aria, rendendola un efficace isolante contro il calore. Fai solo attenzione agli scorpioni, ai serpenti o ad altri animali selvatici del deserto che potrebbero cercare ombra anche in queste panchine.

Sia nelle grotte di neve che nei rifugi nel deserto, l'idratazione è un fattore cruciale per la sopravvivenza. Negli ambienti innevati, sciogliere la neve per produrre acqua può essere una sfida e devi fare attenzione a non mangiare la neve direttamente, poiché può abbassare la temperatura interna. Raccogli invece la neve in un contenitore e lasciala sciogliere naturalmente prima di berla. Nel deserto l'acqua scarseggia ed è essenziale conservarla. Cerca di riposare durante le ore più calde della giornata per ridurre al minimo la sudorazione e la perdita di acqua.

I rifugi nel deserto devono anche tenere conto delle temperature di raffreddamento notturne. Mentre il caldo diurno può essere torrido, le notti nel deserto possono diventare sorprendentemente fredde. Per prepararti a questo, tieni uno strato extra di indumenti o materiale isolante all'interno del tuo rifugio. Lo stesso riparo che ti proteggeva dal sole durante il giorno può essere utilizzato per intrappolare il calore durante la notte.

In entrambi gli ambienti, i materiali che hai a disposizione determineranno il tipo di rifugio che potrai costruire. Sebbene materiali naturali come neve, rocce o rami possano costituire la base del tuo rifugio, avere accesso a strumenti come una pala, un coltello o un telo può migliorare notevolmente la qualità e la velocità della costruzione del tuo rifugio.

Comprendere le sfide uniche degli ambienti estremi come le montagne innevate o gli aridi deserti è fondamentale per la sopravvivenza. Costruire il giusto rifugio, che si tratti di una grotta nella neve o di una tettoia nel deserto, può proteggerti dai pericoli del freddo o del caldo, mantenendoti al sicuro mentre ti concentri sulla ricerca di cibo, acqua o soccorso. Sapendo come adattare le tue tecniche di costruzione di rifugi all'ambiente, puoi sopravvivere anche nelle condizioni più estreme.

# CAPITOLO 4

# Padroneggiare l'arte del fuoco per riscaldare e cucinare

## Nozioni di base sulla costruzione del fuoco: i tipi di fuoco e i loro usi

In una situazione di sopravvivenza, il fuoco è uno degli strumenti più essenziali. Fornisce calore, cucina il cibo, purifica l'acqua e solleva persino il morale. Tuttavia, diversi tipi di fuochi hanno scopi diversi a seconda delle condizioni e delle esigenze. Capire come accendere questi vari tipi di fuoco può fare una differenza significativa nella tua capacità di sopravvivere. I tipi più comuni di incendi includono il fuoco del teepee, il fuoco addossato e il fuoco della capanna di tronchi, ciascuno con i propri vantaggi e usi.

Il fuoco del teepee è forse la struttura antincendio più conosciuta e semplice. Prende il nome dal modo in cui il legno è disposto a forma di cono, simile a un teepee. Questo tipo di fuoco è ideale per usi generali, come cucinare, bollire l'acqua e fornire calore. Per accendere un fuoco di teepee, inizi posizionando al centro una piccola pila di esca, materiali come foglie secche, erba o piccoli ramoscelli che prendono fuoco rapidamente. Attorno a questo esca, disponi i ramoscelli (bastoncini leggermente più grandi) a forma di cono, lasciando spazio sufficiente per la circolazione dell'aria. Il design del fuoco del teepee consente un eccellente flusso d'aria, che aiuta il fuoco a bruciare in modo costante e con una buona fiamma.

Una volta che la legna ha preso fuoco, puoi aggiungere gradualmente pezzi di legna più grandi per mantenere acceso il fuoco. Uno dei vantaggi del fuoco del teepee è che brucia caldo e rapidamente, rendendolo perfetto per cucinare il cibo o riscaldarsi rapidamente quando fa freddo. Tuttavia, il fuoco del teepee necessita di un'alimentazione costante con legna per mantenere la sua intensità, quindi potrebbe non essere l'opzione migliore per le situazioni in cui è necessario che il fuoco duri a lungo senza troppa manutenzione. La struttura del teepee inoltre incoraggia il fuoco a bruciare dall'interno verso l'esterno, il che significa che collasserà man mano che il legno brucia, richiedendoti di ricostruirlo periodicamente.

Il fuoco a una falda è un'altra struttura antincendio utile, particolarmente in condizioni ventose o umide. Questo progetto antincendio prevede la creazione di un frangivento appoggiando un pezzo di legno più grande o un tronco ad angolo contro un oggetto solido, come una roccia o un altro tronco. Il frangivento protegge il fuoco dalle raffiche di vento, facilitando l'accensione e il mantenimento della fiamma, anche in condizioni difficili. Per accendere un fuoco inclinato, posiziona l'esca e la legna sotto il tronco appoggiato, così potrai accendere il fuoco senza esporlo al vento.

Una volta che il fuoco è acceso, puoi aggiungere ulteriore combustibile appoggiando pezzi di legno più piccoli contro il tronco del frangivento, aumentando gradualmente il fuoco. Il fuoco inclinato è eccellente per accendere un fuoco in condizioni avverse, ma una volta che la fiamma si è stabilizzata, può essere trasferita in un'altra struttura antincendio, come un tepee o un fuoco in una capanna di tronchi, per una combustione più prolungata. È una tecnica particolarmente preziosa quando è necessario accendere rapidamente un incendio in una situazione di sopravvivenza in cui il tempo è contro di te.

Il fuoco della capanna di tronchi è una struttura antincendio più robusta e più duratura, che lo rende ideale per situazioni in cui è necessario che il fuoco bruci lentamente per un periodo più lungo. Questo progetto antincendio prevede l'impilamento di tronchi in una forma quadrata o rettangolare, proprio come costruire le pareti di una capanna di tronchi. Alla base, inizi con l'esca e la legna da ardere al centro, con due tronchi più grandi posizionati paralleli tra loro su entrambi i lati della legna da ardere. Quindi, posiziona altri due tronchi perpendicolari alla prima coppia, creando il primo "strato" della tua capanna di tronchi.

Mentre accendi il fuoco verso l'alto, alterna i tronchi con ogni strato, proprio come quando costruisci con i blocchi giocattolo. Questa struttura consente all'aria di fluire liberamente attraverso gli spazi tra i ceppi, garantendo una combustione uniforme e costante. Il fuoco della capanna di tronchi non produce una fiamma intensa come il fuoco del teepee, ma fornisce invece un fuoco duraturo e a combustione lenta. È particolarmente utile per cucinare per periodi prolungati o per mantenere il calore durante la notte senza dover aggiungere continuamente altra legna.

Un altro vantaggio del fuoco in una capanna di tronchi è che è facile da controllare. Poiché la struttura brucia dall'interno verso l'esterno, puoi regolare la dimensione del fuoco regolando la quantità di legna che aggiungi alle pareti della "cabina". Ad esempio, se desideri un fuoco più piccolo per cucinare, puoi smettere di aggiungere strati di ceppi una volta che il fuoco è acceso. Se hai bisogno di più calore o di una combustione più lunga, continua ad aggiungere ceppi più grandi agli strati superiori.

Sebbene questi tre tipi di fuoco siano tra i più comuni e utili nelle situazioni di sopravvivenza, esistono alcune altre tecniche di fuoco specializzate che possono tornare utili a seconda dell'ambiente e delle risorse disponibili. Il fuoco stellato, ad esempio, è un'opzione utile se vuoi conservare la legna. Questo fuoco prevede il posizionamento di lunghi tronchi secondo uno schema a stella, con il centro della stella che è il fuoco stesso. Mentre i ceppi bruciano, li spingi semplicemente verso il centro. Questo metodo è efficiente perché ti consente di utilizzare meno tronchi e non è necessario cercare costantemente più legna da ardere.

In ambienti freddi e innevati, il foro per il fuoco Dakota è un'ottima opzione perché concentra il calore dove ne hai più bisogno e mantiene il fuoco al riparo dal vento. Questo fuoco è costruito in un buco scavato nel terreno con un secondo foro più piccolo che funge da presa d'aria. La natura sotterranea del fuoco aiuta a intrappolare il calore e a renderlo meno visibile, il che può essere importante in alcune situazioni di sopravvivenza in cui è necessaria discrezione.

Accendere e mantenere acceso un fuoco è qualcosa di più che semplicemente restare al caldo. Ogni tipo di fuoco ha uno scopo specifico e scegliere quello giusto per la tua situazione può fare la differenza nei tuoi sforzi di sopravvivenza. Che tu abbia bisogno di una rapida esplosione di calore, di un fuoco per cucinare a lungo o di protezione dal vento, comprendere queste tecniche di accensione del fuoco può fornirti il calore, la sicurezza e il comfort di cui hai bisogno nella natura selvaggia.

Oltre a costruire il giusto tipo di incendio, è fondamentale anche sapere come gestirlo in sicurezza. Liberare sempre l'area attorno al fuoco per evitare che si diffonda alla vegetazione vicina. Un anello di rocce o lo scavo di una piccola trincea possono fungere da barriera per contenere l'incendio. Tieni sempre d'occhio il fuoco, soprattutto in condizioni di vento, e assicurati sempre che sia completamente spento prima di lasciare l'area.

Padroneggiando queste nozioni di base sulla costruzione del fuoco, acquisirai le competenze necessarie per soddisfare una varietà di esigenze di sopravvivenza, dal calore e la cucina alla protezione e al morale. Il fuoco è uno degli strumenti più antichi e affidabili dell'umanità e, con queste tecniche, sarai meglio preparato ad affrontare qualunque sfida la natura selvaggia ti porrà davanti.

## Raccogliere l'esca, la legna e il combustibile giusti per incendi efficienti

Quando si accende un fuoco, raccogliere i materiali giusti è fondamentale per garantire che si accenda facilmente e bruci in modo efficiente. Comprendere le differenze tra esca, legna e combustibile e sapere come raccogliere i materiali migliori per ciascuno di essi ti aiuterà ad accendere un fuoco che non solo si accende rapidamente ma dura anche a lungo. Il fuoco ha bisogno di tre elementi fondamentali per bruciare: calore, ossigeno e combustibile. I materiali che raccoglierai garantiranno che tutti e tre siano presenti nelle giuste quantità per un fuoco efficiente.

Tinder è la prima cosa di cui avrai bisogno per accendere il fuoco. È il materiale più delicato e infiammabile nel processo di costruzione del fuoco. L'esca cattura la scintilla o la fiamma iniziale e inizia a bruciare rapidamente, fornendo la piccola fiamma che accenderà la legna. La chiave per un buon esca è trovare materiali asciutti, soffici e fini. Anche piccole quantità di umidità possono rendere più difficile che l'esca prenda fuoco, quindi cerca materiali completamente asciutti.

Alcuni dei migliori esche naturali includono erba secca, foglie, aghi di pino e trucioli di corteccia. La corteccia di betulla, ad esempio, è molto efficace perché contiene oli che bruciano anche quando la corteccia è umida. Anche i rametti piccoli che si spezzano facilmente quando vengono piegati sono una buona scelta, ma devono essere sottili e asciutti. Se non riesci a trovare materiali secchi nella natura selvaggia, cerca l'interno dei rami o dei tronchi degli alberi morti, poiché tendono a rimanere più asciutti rispetto all'esterno.

I materiali artificiali possono anche fungere da eccellente esca, se li possiedi. Batuffoli di cotone, carta e persino i pelucchi dell'asciugatrice sono ottimi esca. Alcuni sopravvissuti consigliano di portare con sé una piccola borsa di questi materiali nel caso in cui ti trovi in un ambiente umido dove l'esca naturale scarseggia. La qualità più importante dell'esca è la sua capacità di prendere fuoco rapidamente e bruciare abbastanza da accendere la legna.

Una volta accesa l'esca, il passo successivo è aggiungere la legna da ardere. L'accensione è il ponte tra l'esca delicata e la legna da ardere più grande. È costituito da materiali leggermente più grandi, ma comunque facilmente infiammabili, che prendono fuoco dall'esca e bruciano abbastanza a lungo da accendere i principali ceppi di combustibile. La legna da ardere dovrebbe essere asciutta e avere lo spessore di una matita. La chiave è raccogliere una varietà di dimensioni, da piccoli ramoscelli a bastoncini spessi quanto il pollice.

Quando raccogli la legna in natura, cerca i rami piccoli e morti sugli alberi o i rami caduti che si spezzano facilmente quando vengono piegati. Questa "scattatezza" è un segno che il legno è secco, il che è essenziale per una buona accensione. Evita il legno verde, poiché contiene ancora umidità e non brucerà bene. La legna da ardere dovrebbe bruciare facilmente ma non così velocemente come l'esca, dandoti abbastanza tempo per aggiungere il combustibile principale.

Dovresti avere una buona quantità di legna da ardere a portata di mano prima di accendere il fuoco, poiché è essenziale accumulare abbastanza calore per sostenere il fuoco. Inizia aggiungendo i pezzi più piccoli di legna da ardere sopra l'esca accesa, quindi aggiungi gradualmente i pezzi più grandi. Non sovraccaricare il fuoco con legna da ardere tutta in una volta, poiché ciò potrebbe soffocarlo. Aggiungi invece i ramoscelli gradualmente, permettendo alla fiamma di crescere costantemente.

Una volta che la legna brucia bene, è il momento di aggiungere la legna da ardere. Il combustibile è costituito dai tronchi o dai rami più grandi che sosterranno il fuoco per un periodo più lungo. A differenza dell'esca e della legna da ardere, il combustibile non ha bisogno di accendersi immediatamente; il suo ruolo è quello di bruciare costantemente e fornire calore duraturo. La migliore legna da ardere proviene da alberi di latifoglie come quercia, acero o noce americano. Questi legni bruciano più caldi e più a lungo rispetto ai legni teneri come il pino o l'abete rosso, che bruciano rapidamente e possono produrre molto fumo.

Quando raccogli legna da ardere, cerca rami morti più grandi o tronchi secchi. La legna da ardere dovrebbe essere spessa almeno quanto il tuo polso, anche se è possibile utilizzare tronchi più grandi per fuochi più duraturi. Ancora una volta, la chiave è la secchezza. La legna verde o quella bagnata non bruciano bene, producendo più fumo che calore e possono persino spegnere il fuoco se è presente troppa umidità.

In natura, puoi testare la secchezza del legno colpendo insieme due rami. Il legno secco produce un suono acuto e schioccante, mentre il legno bagnato ha un suono sordo. Un altro segno di legno secco è il suo peso, i tronchi secchi sono più leggeri di quelli bagnati perché hanno perso il loro contenuto di umidità. Puoi anche controllare se la corteccia si sta staccando, che è un altro indicatore che il legno è abbastanza secco da bruciare.

È importante disporre la legna da ardere in modo da favorire il flusso d'aria. Il fuoco ha bisogno di ossigeno per bruciare, quindi non impilare i ceppi troppo vicini o troppo vicini tra loro. Un buon metodo è quello di posizionare i ceppi in uno schema incrociato, consentendo a molta aria di circolare attorno alla legna che brucia. Questo metodo garantisce inoltre che il carburante bruci in modo uniforme e non bruci.

Man mano che il fuoco si spegne e i ceppi si trasformano in braci, puoi aggiungere altro combustibile per mantenere acceso il fuoco. Tieni d'occhio il fuoco e non lasciarlo spegnere troppo prima di aggiungere altra legna. Allo stesso tempo, evita di aggiungere troppa legna in una volta, poiché ciò potrebbe soffocare il fuoco interrompendo l'apporto di ossigeno.

In condizioni di bagnato, raccogliere i materiali giusti per un incendio può essere più impegnativo, ma è comunque possibile. Cerca punti asciutti sotto le sporgenze o all'interno dei tronchi cavi, dove l'esca secca e la legna da ardere possono essere riparati dalla pioggia. In casi estremi, potrebbe essere necessario rimuovere gli strati esterni bagnati di un ramo o di un tronco per raggiungere il legno secco all'interno. Se tutto il resto fallisce, creare un piccolo letto asciutto di foglie o corteccia sul terreno prima di accendere il fuoco può aiutare a proteggerlo dall'umidità.

Raccogliere i materiali giusti è la base per costruire un fuoco di successo. L'esca deve essere leggera, asciutta e facilmente infiammabile. La legna da ardere colma il divario tra l'esca e il combustibile e dovrebbe essere anch'essa asciutta ma leggermente più grande. La legna da ardere sostiene il fuoco e fornisce un calore duraturo. Scegliendo i materiali giusti e disponendoli con cura, creerai un fuoco efficiente che soddisferà le tue esigenze di sopravvivenza, sia per il calore, sia per cucinare o per segnalare aiuto. Il fuoco non è solo uno strumento di sopravvivenza; è un'abilità che richiede conoscenza, pratica e preparazione, ma con il giusto approccio chiunque può padroneggiarla.

# Metodi avanzati di accensione del fuoco: attrito, scintille e ingrandimento

Accendere un fuoco in una situazione di sopravvivenza può essere una delle abilità più cruciali che devi padroneggiare. Sebbene accendini e fiammiferi siano convenienti, non sono sempre disponibili, soprattutto in natura. Conoscere metodi avanzati di accensione del fuoco come tecniche basate sull'attrito, strumenti basati su scintille e ingrandimento tramite lenti aumenterà significativamente le tue possibilità di accendere un fuoco quando gli strumenti moderni non sono accessibili. Ciascun metodo richiede pratica e comprensione dei materiali e delle condizioni, ma con un po' di pazienza e abilità, queste tecniche possono salvare la vita.

L'accensione del fuoco per attrito è uno dei metodi più antichi e tradizionali. Si basa sul calore generato dallo sfregamento di due materiali insieme, tipicamente legno, per creare una brace che può quindi essere utilizzata per accendere l'esca. La tecnica di attrito più conosciuta è il metodo del trapano ad arco. Questo metodo richiede diversi componenti: un arco, un mandrino (o trapano), un pannello refrattario e un blocco cuscinetto.

L'arco è un bastone ricurvo con una corda legata tra le sue estremità. Il fuso è un pezzo di legno dritto e cilindrico, mentre il focolare è un pezzo di legno piatto con piccole tacche tagliate al suo interno. Il blocco cuscinetto, solitamente in pietra o legno duro, viene utilizzato per mantenere in posizione la parte superiore del mandrino mentre lo si ruota.

Per utilizzare il trapano ad arco, avvolgi il mandrino nella corda dell'arco e posiziona la punta del mandrino nella tacca sul focolare. Tenendo il blocco del cuscinetto sulla parte superiore del mandrino, spingi e tiri l'arco avanti e indietro con un movimento di sega, facendo ruotare rapidamente il mandrino. Quando il mandrino gira, genera attrito contro il pannello focolare, creando calore e producendo piccole particelle di legno calde. Queste particelle si raccolgono nella tacca, formando alla fine una brace.

Una volta ottenuta la brace, trasferiscila con attenzione sul fascio di esca (foglie secche, erba o corteccia) e soffia delicatamente su di essa per accendere una fiamma. Questo processo richiede pratica e pazienza ed è importante scegliere i giusti tipi di legno. I legni teneri come il cedro, il salice e il pioppo sono ideali perché producono attrito più facilmente rispetto ai legni duri.

Un'altra tecnica basata sull'attrito è il metodo del trapano a mano, che utilizza solo un mandrino e un pannello refrattario ma si affida alle mani dell'operatore per far girare il mandrino. Questo metodo è ancora più impegnativo perché richiede notevole resistenza e abilità per generare abbastanza calore e pressione per creare una brace. Sebbene sia una configurazione più semplice del trapano ad arco, è più impegnativa dal punto di vista fisico e viene generalmente utilizzata da sopravvissuti esperti.

Passando ai metodi basati sulle scintille, questi si basano sulla generazione di scintille per accendere l'esca. Uno degli strumenti più affidabili e ampiamente utilizzati per questo è la selce e l'acciaio. Il concetto è semplice: colpire un pezzo di acciaio contro una pietra dura come la selce produce piccole scintille calde. Queste scintille possono essere catturate da esche altamente infiammabili, come panni carbonizzati, cotone o muschio secco.

Per usare la selce e l'acciaio in modo efficace, tieni la selce in una mano e colpiscila con forza con l'acciaio, inclinando la selce in modo che le scintille volino verso il basso sul fascio di esca. L'acciaio dovrebbe essere realizzato con un metallo ad alto tenore di carbonio, poiché produce scintille migliori rispetto agli acciai a basso tenore di carbonio. Il tessuto carbonizzato, un materiale spesso utilizzato insieme alla selce e all'acciaio, è realizzato bruciando parzialmente il tessuto (solitamente cotone) in un ambiente a basso contenuto di ossigeno finché non diventa annerito e altamente infiammabile.

Uno dei vantaggi della selce e dell'acciaio è la sua affidabilità, poiché funziona anche in condizioni di umidità. Sebbene non sia facile come usare un accendino o dei fiammiferi, questo metodo è affidabile perché non fa affidamento sul carburante e può essere utilizzato ripetutamente. Padroneggiare questa tecnica può essere molto utile negli scenari di sopravvivenza a lungo termine.

Un altro metodo basato sulla scintilla è la barra di ferrocerio, spesso chiamata "barra di ferro" o "acciaio da fuoco". Una barra di ferrocerio è un materiale sintetico che, se raschiato con un percussore di metallo o con il dorso di un coltello, produce grandi scintille calde. Queste scintille possono facilmente accendere un fascio di esca. A differenza della selce e dell'acciaio, una bacchetta di ferro produce più scintille e brucia a una temperatura più elevata, il che la rende un eccellente strumento per accendere il fuoco in tutte le condizioni atmosferiche. Le scintille di una barra di ferro possono raggiungere temperature superiori a 3.000 ° F (1.650 ° C), il che significa che possono accendere anche un'esca leggermente umida.

Usare una barra di ferro è semplice. Tieni l'asta inclinata vicino all'esca e raschiala con un bordo duro e affilato. La pioggia di scintille che esce dall'asta dovrebbe cadere direttamente sull'esca, accendendola. A causa dell'elevato calore delle scintille, le barre di ferro sono incredibilmente efficienti e ampiamente utilizzate dai sopravvissuti di tutto il mondo.

Oltre ai metodi basati sull'attrito e sulle scintille, l'ingrandimento può essere utilizzato anche per accendere un fuoco concentrando la luce solare su un piccolo punto per generare abbastanza calore da accendere l'esca. Lo strumento più comune per questo metodo è una lente d'ingrandimento, ma a volte possono essere utilizzati altri oggetti come lenti binoculari o anche occhiali.

Il principio di base dietro l'ingrandimento è quello di concentrare la luce solare su un singolo punto, aumentando il calore in quell'area finché l'esca non si accende. Per fare ciò, posiziona un pezzo di esca in una zona soleggiata e tieni la lente d'ingrandimento sopra di essa, regolando la distanza tra la lente e l'esca per focalizzare la luce in un punto minuscolo e luminoso. Più la luce è intensa e focalizzata, più velocemente si accenderà l'esca.

Questo metodo funziona meglio nelle giornate limpide e soleggiate quando c'è molta luce solare diretta. È importante notare che l'ingrandimento dell'accensione del fuoco non funziona in condizioni di cielo coperto o di notte, quindi non è sempre un metodo primario affidabile. Tuttavia, è un'ottima opzione quando si dispone di strumenti limitati per accendere il fuoco e si ha accesso a una forte luce solare.

Le lenti d'ingrandimento funzionano meglio anche con l'esca che si accende facilmente, come foglie secche, carta o panni carbonizzati. È necessaria pazienza, poiché il processo può richiedere alcuni minuti a seconda dell'intensità della luce solare e della qualità dell'esca.

Sebbene ciascuno di questi metodi di accensione del fuoco richieda pratica e abilità, possono essere incredibilmente utili in situazioni di sopravvivenza quando gli strumenti moderni non sono disponibili. Le tecniche basate sull'attrito come il trapano ad arco e il trapano a mano sono ottime per creare fuoco da materiali naturali presenti in natura, mentre i metodi basati sulla scintilla come la selce e l'acciaio o le bacchette di ferro forniscono strumenti affidabili per accendere il fuoco che possono essere utilizzati in varie condizioni . L'ingrandimento, sebbene limitato dalle condizioni atmosferiche e dalla disponibilità della luce solare, offre un modo semplice ed efficace per accendere un fuoco quando si ha una lente a disposizione. Ciascuno di questi metodi fa parte delle competenze essenziali che ogni sopravvissuto dovrebbe imparare per assicurarsi di poter accendere un fuoco in qualsiasi ambiente.

# CAPITOLO 5

# Strumenti primitivi e moderni per accendere il fuoco

## Aratro antincendio e trapano ad arco: metodi antichi in pratica

L'aratro e il trapano ad arco sono due antiche tecniche di accensione del fuoco utilizzate da migliaia di anni da varie culture. Questi metodi si basano sull'attrito per generare calore e creare una brace, che viene poi trasferita sull'esca per accendere un fuoco. Sebbene richiedano molta pratica e pazienza, possono essere molto efficaci una volta padroneggiati, rendendoli preziosi in situazioni di sopravvivenza in cui gli strumenti moderni non sono disponibili. Entrambe le tecniche dimostrano come l'ingegno umano e la comprensione dei materiali naturali possano essere applicati per soddisfare uno dei nostri bisogni di sopravvivenza più elementari: il fuoco.

## Il metodo dell'aratro antincendio

L'aratro antincendio è uno dei metodi più semplici per accendere il fuoco a frizione e richiede solo due componenti principali: un battiscopa (tipicamente un pezzo di legno piatto) e un bastone dell'aratro (un bastone più duro e appuntito). Il principio di base consiste nel spingere il bastone dell'aratro lungo una scanalatura nel battiscopa per generare attrito. Nel corso del tempo, il calore generato dal movimento ripetitivo crea particelle di legno fini e calde che alla fine formano una brace.

Per iniziare, è necessario selezionare i giusti tipi di legno. I legni teneri e secchi come il cedro, il salice o il pioppo funzionano meglio perché sono più facili da bruciare per attrito. Il battiscopa dovrebbe essere relativamente largo e piatto con una scanalatura scavata sulla sua superficie, mentre il bastone dell'aratro dovrebbe essere robusto e appuntito a un'estremità per concentrare la pressione nella scanalatura.

Per utilizzare l'aratro, posizionare il battiscopa a terra e posizionare il bastone dell'aratro nella scanalatura. Usando una pressione costante, spingi il bastone dell'aratro in avanti lungo la scanalatura, creando gradualmente calore. Mentre muovi la bacchetta avanti e indietro, piccole particelle di legno inizieranno ad accumularsi all'estremità della scanalatura. Con uno sforzo continuo, queste particelle diventano abbastanza calde da formare una brace. Una volta che la brace si è formata, trasferiscila sul fascio di esca e soffia delicatamente su di essa finché l'esca non si accende.

L'aratro antincendio è relativamente semplice da capire ma richiede uno sforzo e una resistenza significativi per generare abbastanza calore. La sfida principale sta nel mantenere una pressione e una velocità costanti, poiché un attrito troppo basso non produrrà una brace e una forza eccessiva può far scivolare il bastone dell'aratro fuori dalla scanalatura. La pratica è fondamentale e sapere come controllare i propri movimenti in modo efficiente è essenziale per il successo.

Anche se oggi questo metodo è meno comune, era ampiamente utilizzato dalle popolazioni indigene nelle regioni tropicali, in particolare nelle isole del Pacifico. La semplicità dell'aratro e gli strumenti minimi richiesti lo rendono un'abilità preziosa per chiunque sia interessato ai metodi primitivi di accensione del fuoco.

## Il metodo del trapano ad arco

Il trapano ad arco è forse il più noto degli antichi metodi di accensione del fuoco, e per una buona ragione. È molto efficace se eseguito correttamente, sebbene richieda una configurazione più complessa rispetto all'aratro antincendio. Il trapano ad arco comprende quattro componenti principali: un mandrino, un pannello di fuoco, un arco e un blocco cuscinetto.

Il fuso è un pezzo di legno dritto e cilindrico che funge da elemento rotante, mentre il focolare è un pezzo di legno piatto con una piccola tacca scavata per raccogliere la polvere di legno calda. L'arco è un bastone ricurvo con una corda attaccata tra le sue estremità e il blocco cuscinetto viene utilizzato per esercitare pressione sulla parte superiore del fuso mentre ruota.

Per iniziare, seleziona i materiali giusti per il fuso e il fireboard. Come l'aratro, i legni teneri come il cedro, il pioppo o il salice funzionano meglio perché generano calore più facilmente attraverso l'attrito. La corda dell'arco può essere realizzata con qualsiasi materiale resistente e flessibile come pelle grezza, paracord o persino un laccio da scarpa.

Per utilizzare il trapano ad arco, avvolgere il mandrino nella corda dell'arco e posizionare un'estremità del mandrino nella tacca sul fireboard. Tieni il blocco cuscinetto sulla parte superiore del perno per mantenerlo fermo, quindi muovi l'arco avanti e indietro con un movimento a sega. Questa azione fa ruotare rapidamente il mandrino, generando attrito contro il pannello refrattario. Mentre il mandrino gira, produce polvere di legno fine, che si raccoglie nella tacca del pannello focolare. Con sufficiente attrito, questa polvere diventa calda e alla fine si accende, formando una brace.

Una volta che hai una brace, trasferiscila con attenzione nel tuo pacchetto di esca. Soffia delicatamente sulla brace per accendere l'esca, quindi alimenta la fiamma con rametti o foglie secche per accendere il fuoco.

Il metodo del trapano ad arco è più efficiente dell'aratro antincendio perché consente la rotazione continua del mandrino, generando più calore in meno tempo. Tuttavia, è anche più complesso e richiede più materiali e coordinamento. Imparare a usare il trapano ad arco in modo efficace richiede tempo, poiché richiede pratica per mantenere la giusta quantità di pressione e velocità mantenendo fermo il mandrino.

Una delle sfide principali con il trapano ad arco è la tensione delle corde. Se la corda è troppo lenta il perno non ruoterà correttamente, ma se è troppo tesa sarà difficile muovere l'arco. Trovare il giusto equilibrio è fondamentale. Inoltre, la tacca sul pannello focolare deve essere sagomata correttamente per consentire alla polvere di legno di accumularsi e formare una brace. Una tacca mal realizzata può impedire il funzionamento del processo di accensione del fuoco.

Il trapano ad arco è stato utilizzato da varie culture nel corso della storia, tra cui i nativi americani, gli aborigeni australiani e gli antichi popoli dell'Europa e dell'Asia. Rimane una tecnica popolare tra i survivalisti e gli appassionati di abilità primitive grazie alla sua efficacia e al fatto che tutti i componenti necessari possono essere realizzati con materiali naturali.

## Confronto tra l'aratro antincendio e il trapano ad arco

Sebbene sia l'aratro antincendio che il trapano con l'arco si basino sullo stesso principio di base dell'attrito, differiscono significativamente nell'approccio e nel livello di difficoltà. L'aratro è più semplice nel design e più facile da installare, ma richiede più sforzo fisico e resistenza per creare una brace. Il trapano ad arco, d'altra parte, richiede più materiali e una configurazione più complicata, ma genera calore in modo più efficiente e con meno sforzo una volta padroneggiato.

La scelta tra i due metodi dipende spesso dall'ambiente e dai materiali disponibili. In una foresta tropicale o temperata, dove abbondano i legni teneri, il trapano ad arco può essere il metodo preferito per la sua efficienza. Tuttavia, in altri ambienti in cui la legna scarseggia o le condizioni sono meno favorevoli, la semplicità dell'aratro può renderlo un'opzione più praticabile.

## L'importanza della pratica

Sia l'aratro antincendio che il trapano ad arco richiedono pratica per essere padroneggiati. Queste non sono tecniche che possono essere facilmente apprese sul posto in una situazione di sopravvivenza. Praticando questi metodi in anticipo, puoi sviluppare la memoria muscolare e la tecnica necessarie per avere successo quando conta di più.

È anche importante sperimentare diversi tipi di legno e condizioni per capire come questi fattori influenzano il processo di accensione del fuoco.

Nei moderni scenari di sopravvivenza, dove potresti avere accesso a strumenti più affidabili come accendini o bacchette di ferro, l'aratro antincendio e il trapano ad arco potrebbero non essere sempre la tua prima scelta. Tuttavia, conoscere questi antichi metodi può essere prezioso se ti ritrovi senza i moderni strumenti per accendere il fuoco. Rappresentano un legame con i nostri antenati, che facevano affidamento sulla conoscenza della natura e dell'ambiente per sopravvivere. Imparando e praticando queste tecniche, acquisisci una comprensione più profonda dell'autosufficienza e del potere dell'ingegno umano di fronte alle sfide della natura.

## Utilizzo di selce e acciaio per ottenere scintille coerenti

La selce e l'acciaio sono classici strumenti per accendere il fuoco utilizzati da secoli e forniscono un metodo affidabile per produrre scintille anche in condizioni difficili. Colpendo un pezzo di acciaio temprato contro una roccia di selce, crei minuscole scintille calde che possono accendere un fascio di esca e accendere un fuoco. Sebbene questa tecnica possa sembrare semplice, padroneggiarla correttamente e selezionare i materiali giusti può aumentare significativamente le tue possibilità di successo. Capire come utilizzare la selce e l'acciaio in modo efficace può essere un'abilità essenziale per la sopravvivenza, soprattutto quando non sono disponibili i moderni strumenti per accendere il fuoco.

## Cos'è Flint and Steel?

La selce è un tipo di roccia dura a grana fine comunemente utilizzata per produrre scintille a causa della sua capacità di scheggiare piccoli frammenti taglienti di acciaio quando viene colpita. L'acciaio, in questo caso, si riferisce a un metallo particolarmente indurito che crea scintille quando viene colpito da un oggetto duro come la selce. L'acciaio utilizzato per l'accensione del fuoco è spesso una varietà ad alto contenuto di carbonio perché questo tipo di acciaio crea scintille migliori rispetto ad altri metalli.

Quando si colpisce l'acciaio contro la selce con un angolo acuto, piccole particelle di acciaio vengono rase via. Queste particelle vengono riscaldate ad alte temperature dalla forza dell'impatto e creano scintille luminose. Queste scintille sono abbastanza calde da accendere un'esca altamente combustibile, che può quindi essere soffiata con cautela in una fiamma.

**Scegliere i materiali giusti**

L'efficacia dell'utilizzo della selce e dell'acciaio dipende in modo significativo dalla qualità dei materiali utilizzati. La selce, o altre rocce dure come il quarzo o la selce, devono essere abbastanza dense e affilate per colpire efficacemente l'acciaio. Una roccia opaca o troppo morbida non creerà abbastanza forza per produrre scintille. La selce si trova spesso nei letti dei fiumi, nelle scogliere o in aree con rocce sedimentarie. Se non riesci a trovare la selce, potrebbero andare bene anche altre pietre dure come il diaspro o l'agata.

Per quanto riguarda l'acciaio, deve essere ad alto contenuto di carbonio, poiché gli acciai a basso tenore di carbonio non producono scintille così facilmente. Molti kit di sopravvivenza contengono attaccanti antincendio realizzati appositamente, ovvero pezzi di acciaio modellati per massimizzare la produzione di scintille. Anche alcuni coltelli da sopravvivenza sono realizzati in acciaio ad alto tenore di carbonio e possono essere utilizzati per colpire la selce, anche se è necessario prestare attenzione per evitare di smussare il filo del coltello. Per ottenere i migliori risultati, l'acciaio dovrebbe avere un bordo pulito e piatto che possa essere colpito ripetutamente senza usurarsi.

## Tinder: la chiave dell'accensione

Anche se crei una pioggia di scintille, non accenderanno il fuoco a meno che tu non abbia il giusto tipo di esca. L'esca è un materiale che prende fuoco facilmente da una scintilla e può aiutare ad accendere pezzi di legna più grandi. L'esca migliore è quella secca, fine e soffice, che fornisce molta superficie in cui la scintilla può catturare.

I materiali naturali per l'esca includono erba secca, corteccia di betulla, aghi di pino e persino piccoli ramoscelli. In molti casi si possono usare anche fibre vegetali, come il cotone, e alcune persone portano con sé un panno char, un pezzo di stoffa che è stato carbonizzato ma non completamente bruciato. Il panno carbonizzato è un esca ideale per la pietra focaia e l'acciaio perché cattura anche la più piccola scintilla e si accende rapidamente.

Per preparare il tessuto carbonizzato, puoi mettere un pezzo di tessuto di cotone in un contenitore di metallo con un piccolo foro nella parte superiore e scaldarlo sul fuoco. Il calore trasformerà il tessuto in un materiale annerito e facilmente infiammabile, perfetto per accendere il fuoco con selce e acciaio.

Altre opzioni includono l'utilizzo di materiali lavorati come lana d'acciaio o batuffoli di cotone rivestiti di vaselina, entrambi estremamente infiammabili e funzionano bene con le scintille.

## Tecniche sorprendenti per scintille coerenti

Colpire correttamente la selce e l'acciaio è fondamentale per produrre scintille consistenti. Il metodo più efficace è tenere la selce in una mano e il percussore in acciaio nell'altra. La selce deve essere tenuta saldamente con un bordo affilato o un angolo esposto. L'acciaio dovrebbe essere colpito obliquamente rispetto alla selce, concentrandosi sul colpire il bordo per eliminare piccole particelle di acciaio.

Un errore comune è colpire l'acciaio troppo delicatamente o con un'angolazione sbagliata. Per creare scintille, devi colpire con forza sufficiente a far volare via piccoli pezzetti di metallo, e questo richiede un movimento deciso e veloce. Tuttavia, è anche importante non colpire troppo forte, perché ciò potrebbe danneggiare la selce o farti perdere il controllo del colpo.

Una buona tecnica per colpire consiste nel raschiare l'acciaio verso il basso con un movimento rapido e controllato, mantenendo fermo il bordo della selce. Se ti accorgi che non produci abbastanza scintille, prova a regolare l'angolo o la velocità del colpo. Potrebbe essere necessaria un po' di pratica per ottenere il giusto equilibrio, ma una volta padroneggiati, la selce e l'acciaio possono produrre ogni volta scintille consistenti.

Un'altra tecnica importante è posizionare l'esca in modo che possa catturare le scintille in modo efficace. Tieni l'esca vicino alla selce, direttamente nel percorso delle scintille. Alcuni sopravvissuti consigliano di posizionare l'esca direttamente sopra la selce e di colpirla verso il basso in modo che le scintille cadano sull'esca. Una volta che l'esca prende una scintilla e inizia a bruciare, soffia delicatamente su di essa per incoraggiare la brace a crescere. Fai attenzione a non soffiare troppo forte, poiché ciò potrebbe spegnere la brace prima che accenda completamente l'esca.

**Sfide e soluzioni comuni**

Una delle maggiori sfide con la selce e l'acciaio è lavorare in condizioni bagnate o umide. Quando è presente umidità, sia la selce che l'esca possono diventare meno efficaci. Se la selce è bagnata, asciugala accuratamente prima di tentare di far scoccare le scintille. Per quanto riguarda l'esca, è essenziale trovare o trasportare materiali asciutti che possano infiammarsi facilmente. Tenere un piccolo contenitore impermeabile di stoffa carbonizzata o esca asciutta nel tuo kit di sopravvivenza può essere un vero toccasana in condizioni di umidità.

Un'altra sfida è trovare la giusta tecnica di percussione. Alcune persone potrebbero avere difficoltà a creare una forza sufficiente per produrre scintille, mentre altre potrebbero danneggiare la selce colpendo con troppa forza. La chiave è esercitarsi regolarmente, perfezionando il movimento finché non si riesce a creare scintille coerenti con il minimo sforzo.

Anche il vento può essere un problema quando si utilizza la selce e l'acciaio. In caso di vento forte, le scintille potrebbero essere spazzate via dall'esca prima che possano accendersi. In questi casi è importante creare un frangivento o posizionarsi in una zona riparata. Puoi anche mettere le mani attorno all'esca per proteggerla dal vento mentre lavori per creare scintille.

**Applicazioni pratiche della selce e dell'acciaio**

Nei moderni scenari di sopravvivenza, la selce e l'acciaio potrebbero non essere sempre la prima scelta per accendere il fuoco, poiché oggi sono più comunemente usati fiammiferi, accendini e bacchette di ferrocerio. Tuttavia, la selce e l'acciaio hanno il vantaggio di essere riutilizzabili e di lunga durata. A differenza di un accendino, che può rimanere senza carburante, o dei fiammiferi, che possono diventare umidi e inutilizzabili, un buon set di pietra focaia e acciaio può durare per anni con la dovuta cura. Ciò lo rende un eccellente metodo di accensione di riserva per sopravvissuti, campeggiatori e appassionati di attività all'aria aperta.

Anche la selce e l'acciaio sono preziosi perché ti costringono a sviluppare una comprensione più profonda dell'accensione del fuoco. Imparare come creare scintille e coltivarle con cura fino a trasformarle in una fiamma insegna pazienza, tenacia e intraprendenza, qualità essenziali in ogni situazione di sopravvivenza. Inoltre, sapere come utilizzare materiali naturali come la selce ti collega alle antiche tradizioni e alle abilità su cui i nostri antenati facevano affidamento per sopravvivere.

Usare la selce e l'acciaio per accendere il fuoco è un'abilità che richiede pratica e pazienza, ma è uno dei metodi più affidabili e sostenibili disponibili. Comprendendo come selezionare i materiali giusti, affinare la tecnica di percussione e raccogliere un'esca efficace, puoi produrre costantemente scintille e accendere un fuoco in varie condizioni. Sebbene gli strumenti moderni possano essere più convenienti, padroneggiare la selce e l'acciaio è una preziosa abilità di sopravvivenza che ti connette sia alla natura che alla storia.

## Strumenti antincendio moderni: accendini, bacchette di ferro e fiammiferi impermeabili

I moderni strumenti per accendere il fuoco sono diventati essenziali nelle situazioni di sopravvivenza grazie alla loro praticità, affidabilità ed efficienza. Questi strumenti sono progettati per aiutarti ad accendere un fuoco in modo rapido e semplice, che è vitale per il calore, la cottura e la segnalazione di aiuto. Alcuni degli strumenti per accendere il fuoco più popolari ed efficaci includono accendini, bacchette di ferrocerio (bacchette di ferro) e fiammiferi impermeabili. Ognuno ha i suoi vantaggi e usi specifici, che li rendono indispensabili per chiunque si avventuri nella natura selvaggia o si prepari per le emergenze.

## Accendini: rapidi e convenienti

Gli accendini sono forse lo strumento più comune per accendere il fuoco oggi. Funzionano producendo una piccola fiamma da un gas (tipicamente butano) quando vengono accesi da una scintilla di pietra focaia e acciaio all'interno dell'accendino. Sono leggeri, facili da usare e possono fornire una fiamma quasi istantaneamente, rendendoli la scelta ideale per un rapido accensione del fuoco. Gli accendini sono disponibili in varie forme, come modelli usa e getta, ricaricabili e antivento, ciascuno con la propria serie di vantaggi.

Uno dei principali vantaggi di un accendino è la sua semplicità. Accendere il fuoco con un accendino non richiede tecniche speciali, basta premere l'interruttore e tenere la fiamma sull'esca. Questa facilità d'uso rende gli accendini particolarmente preziosi in situazioni di emergenza quando il tempo e l'energia possono essere limitati. Inoltre, a seconda del modello, gli accendini possono essere utilizzati centinaia o addirittura migliaia di volte prima che rimangano senza carburante.

Nonostante la loro comodità, gli accendini presentano alcune limitazioni. Fanno affidamento su una fornitura di carburante e, una volta esaurito il carburante, l'accendino diventa inutile a meno che non sia ricaricabile. Gli accendini usa e getta, in particolare, sono articoli monouso. Inoltre, gli accendini possono essere sensibili al freddo estremo, che potrebbe causare il congelamento del carburante, e potrebbero non funzionare bene ad altitudini elevate dove i livelli di ossigeno sono più bassi. In condizioni di bagnato, un accendino potrebbe anche avere difficoltà ad accendersi se la pietra focaia o il combustibile si saturano.

Gli accendini antivento risolvono alcune di queste sfide producendo una fiamma più forte che non viene facilmente spenta dal vento. Questi accendini sono particolarmente utili in ambienti ventosi o tempestosi dove gli accendini tradizionali potrebbero non funzionare. Tuttavia, sono ancora vulnerabili all'esaurimento del carburante, quindi è sempre una buona idea portare con sé metodi di accensione di riserva.

## Barre di ferro: durevoli e affidabili

Le barre di ferrocerio, spesso denominate barre di ferro o firesteel, sono un altro popolare strumento per accendere il fuoco. A differenza degli accendini, le bacchette di ferro non fanno affidamento sul carburante e possono essere utilizzate indefinitamente fino a quando la bacchetta non si usura. Una barra di ferro funziona raschiandola con un oggetto duro, come un coltello o un percussore, che produce scintille calde che possono accendere l'esca. L'asta stessa è costituita da una miscela di metalli, tra cui ferro e magnesio, che generano scintille quando vengono raschiati.

Uno dei maggiori vantaggi di una barra di ferro è la sua durata. Le barre di ferro possono produrre migliaia di scintille nel corso della loro vita, rendendole uno strumento di accensione del fuoco di lunga durata. Funzionano bene anche in un'ampia gamma di condizioni, tra cui pioggia, vento e freddo. Poiché l'asta è realizzata in metallo, non richiede condizioni asciutte per funzionare in modo efficace, a differenza di accendini e fiammiferi. Ciò rende le barre di ferro un'opzione affidabile in ambienti difficili.

Le aste in ferro offrono anche maggiore versatilità rispetto ad altri strumenti per accendere il fuoco. Puoi regolare la dimensione e l'intensità delle scintille a seconda della forza e della velocità con cui raschi l'asta. Ciò consente un maggiore controllo quando si accende un fuoco, soprattutto se l'esca non è ottimale. Le canne in ferro sono anche molto compatte e leggere, il che le rende facili da trasportare in un kit di sopravvivenza o in uno zaino.

Tuttavia, le barre di ferro richiedono una certa abilità e pratica per essere utilizzate in modo efficace. Accendere un fuoco con una bacchetta di ferro implica creare una buona quantità di scintille e posizionare correttamente l'esca per catturarle. Non è semplice come accendere un accendino e, in una situazione di emergenza, potrebbe essere necessario un po' più di tempo e impegno per accendere un fuoco. Per i principianti, si consiglia di esercitarsi nell'uso di una canna di ferro prima di affidarsi ad essa in natura.

## Partite impermeabili: pronte per qualsiasi condizione atmosferica

I fiammiferi impermeabili sono progettati specificamente per funzionare in condizioni di bagnato dove i fiammiferi tradizionali fallirebbero. Sono rivestiti con una sostanza impermeabile che impedisce loro di saturarsi di umidità, consentendo loro di accendersi anche dopo essere stati immersi nell'acqua. I fiammiferi impermeabili sono spesso inclusi nei kit di sopravvivenza e negli zaini di emergenza per la loro affidabilità in condizioni meteorologiche estreme.

Uno dei principali vantaggi dei fiammiferi impermeabili è la loro capacità di accendere un fuoco sotto la pioggia o dopo essere stati esposti all'acqua. Ciò li rende uno strumento eccellente per ambienti in cui l'umidità è una preoccupazione costante, come giungle, aree costiere o climi piovosi. A differenza dei fiammiferi normali, che possono diventare inutilizzabili se si bagnano, i fiammiferi impermeabili forniscono una fiamma affidabile anche in condizioni difficili.

Anche i fiammiferi impermeabili sono relativamente facili da usare. Come i fiammiferi standard, li colpisci contro una superficie ruvida per creare una fiamma. Una volta accesa, la fiamma è solitamente più forte e più stabile di quella di un normale fiammifero e brucia abbastanza a lungo da accendere l'esca. Molti fiammiferi impermeabili sono dotati sulla confezione di un riscontro dedicato, anch'esso rivestito per resistere all'esposizione all'acqua.

Il limite principale dei fiammiferi impermeabili è che sono un articolo monouso. Una volta esaurita la scorta, avrai bisogno di un altro metodo per accendere il fuoco. Inoltre, possono essere meno efficaci in condizioni estremamente ventose, poiché il vento potrebbe spegnere la fiamma prima che possa catturare l'esca. Per contrastare questo problema, alcuni marchi offrono fiammiferi antivento e impermeabili progettati per resistere sia agli ambienti umidi che a quelli ventosi. Questi fiammiferi producono una fiamma più grande e più intensa che può resistere ai venti più forti, ma sono spesso più costosi dei fiammiferi impermeabili standard.

Un altro fattore da considerare è che, sebbene i fiammiferi impermeabili siano affidabili, sono comunque soggetti a usura nel tempo. Il rivestimento impermeabile può deteriorarsi se i fiammiferi sono esposti ad attrito o a condizioni difficili all'interno dello zaino. È essenziale conservarli in un contenitore robusto e impermeabile per mantenerli in buone condizioni.

## Strumenti a confronto: quale scegliere?

Ciascuno di questi moderni strumenti per accendere il fuoco, accendini, bacchette di ferro e fiammiferi impermeabili, ha i suoi punti di forza e di debolezza. La scelta dello strumento migliore dipende dall'ambiente in cui ti troverai, dalle condizioni che ti aspetti di affrontare e dal tuo livello di esperienza nell'accensione del fuoco.

Gli accendini sono ideali per l'uso quotidiano o per viaggi brevi dove comodità e velocità sono priorità. Sono perfetti per ambienti in cui non ti aspetti condizioni meteorologiche estreme e forniscono una fiamma quasi istantanea con poco sforzo. Tuttavia, la loro dipendenza dal carburante significa che è necessario monitorare la quantità di gas rimasta ed è saggio avere un piano di riserva nel caso in cui l'accendino si guasti.

Le aste in ferro sono un'ottima opzione per viaggi più lunghi o ambienti in cui prevedi di affrontare condizioni difficili, come pioggia, vento o freddo. La loro durabilità e capacità di lavorare anche quando sono bagnati li rendono i preferiti dai survivalisti. Sebbene richiedano più abilità e pratica per essere utilizzati in modo efficace, forniscono un metodo affidabile per accendere il fuoco che può essere utilizzato migliaia di volte.

I fiammiferi impermeabili sono eccellenti per le condizioni di bagnato e sono facili da usare, rendendoli una buona scelta per gli ambienti in cui l'umidità è un problema. Tuttavia, poiché sono articoli monouso, è meglio utilizzarli come parte di un kit per accendere il fuoco più ampio che includa altri strumenti come un accendino o una bacchetta di ferro.

Ciascuno di questi moderni strumenti antincendio ha un ruolo prezioso nelle situazioni di sopravvivenza. Gli accendini offrono fiamme rapide e convenienti, le bacchette di ferro garantiscono una lunga durata e i fiammiferi impermeabili garantiscono l'accensione del fuoco anche in condizioni di bagnato. Portare con sé una combinazione di questi strumenti può aumentare le tue possibilità di accendere un fuoco con successo, indipendentemente dalle sfide che affronti nella natura selvaggia.

# CAPITOLO 6

# Procurarsi acqua potabile sicura nella natura

## Trovare fonti d'acqua naturali: corsi d'acqua, laghi e rugiada

Trovare acqua potabile sicura in natura è una delle abilità di sopravvivenza più importanti da padroneggiare. Il corpo umano può resistere settimane senza cibo ma solo pochi giorni senza acqua, quindi è essenziale sapere come individuare e valutare le fonti d'acqua naturali. Ruscelli, laghi e persino la rugiada possono fornire acqua in un ambiente selvaggio, ma non tutte le fonti sono sicure da bere senza purificazione. Capire dove trovare l'acqua e come valutarne la sicurezza aumenterà notevolmente le tue possibilità di rimanere idratato e in salute in situazioni di sopravvivenza.

Quando si cerca acqua in natura, una delle prime cose da considerare è dove è più probabile trovarla. L'acqua generalmente scorre in discesa, quindi le zone basse, le valli e le depressioni del terreno sono buoni punti di partenza. Cerca segni di acqua come vegetazione lussureggiante, tracce di animali e insetti come le zanzare, che spesso si aggirano vicino alle fonti d'acqua. Inoltre, ascoltare il suono dell'acqua che scorre può aiutarti a condurti verso ruscelli o fiumi che potrebbero essere nascosti dietro alberi o rocce.

Ruscelli e fiumi sono tra le fonti d'acqua più comuni in natura. Di solito si trovano in regioni collinari o montuose dove l'acqua scorre da quote più elevate. L'acqua in movimento è generalmente più sicura da bere rispetto all'acqua ferma perché il movimento aiuta a prevenire la crescita di batteri e parassiti dannosi. Tuttavia, solo perché l'acqua scorre non significa che sia completamente sicura da bere. È essenziale purificare l'acqua raccolta dai corsi d'acqua, poiché potrebbe contenere ancora microrganismi, detriti o contaminanti provenienti da monte. Per raccogliere l'acqua, usa un contenitore o una tazza e raccoglila dal centro del ruscello, dove è meno probabile che contenga sporco o sedimenti.

Laghi e stagni sono un'altra potenziale fonte d'acqua. Si trovano spesso in zone pianeggianti, basse o nel mezzo di regioni boscose. Questi corpi idrici sono più grandi e più statici dei corsi d'acqua, quindi potrebbero avere maggiori probabilità di contenere batteri o alghe dannose. Se ti imbatti in un lago, esamina l'acqua prima di berla. L'acqua limpida che non ha un odore forte è un'opzione migliore, ma anche così è importante purificare l'acqua prima di consumarla. Evita di raccogliere l'acqua dai bordi dei laghi dove potrebbe esserci più materia organica e, invece, raccoglila dalle parti più profonde e più limpide, se possibile.

Oltre ai ruscelli e ai laghi, a volte è possibile trovare l'acqua attingendo all'ambiente stesso. La rugiada, che si forma al mattino presto o alla sera tardi quando l'aria si raffredda, può essere una preziosa fonte di idratazione nelle zone dove le fonti d'acqua scarseggiano. La rugiada si accumula su erba, foglie e altre superfici durante la notte e, sebbene non si tratti di un grande volume d'acqua, può aiutare in situazioni di emergenza. Per raccogliere la rugiada, puoi passare un panno pulito o un indumento sull'erba o sulle foglie e strizzarlo in un contenitore. La rugiada è generalmente sicura da bere poiché è semplicemente umidità condensata dall'aria, ma se la raccogli dalle piante, assicurati che non siano tossiche.

Un altro modo per trovare l'acqua è cercare segni di animali. Molti animali, soprattutto uccelli e mammiferi, hanno bisogno di acqua per sopravvivere, quindi seguire le loro tracce o il loro comportamento può portarti a una fonte d'acqua vicina. Gli uccelli tendono a volare verso l'acqua al mattino presto e nel tardo pomeriggio, quindi può essere utile prestare attenzione ai loro schemi di volo. Anche animali più grandi come cervi e alci lasciano percorsi liberi verso le pozze d'acqua, quindi se noti tracce fresche, potrebbe valere la pena seguirle per vedere dove conducono.

In alcuni ambienti, come i deserti o le regioni aride, le fonti d'acqua naturali come ruscelli e laghi possono essere rare. In questi casi, dovrai essere più creativo per trovare l'acqua. Un metodo consiste nel cercare l'acqua sotterranea scavando nei letti asciutti dei fiumi o nelle aree sabbiose. A volte l'acqua si raccoglie appena sotto la superficie nei letti di ruscelli asciutti e, scavando circa trenta centimetri, potresti essere in grado di accedervi. Un'altra tecnica consiste nel raccogliere l'umidità dalle piante legando un sacchetto di plastica attorno a un ramo frondoso di un albero o cespuglio. Con il passare del tempo la pianta rilascerà vapore acqueo, che si condenserà all'interno del sacchetto e fornirà una piccola quantità di acqua potabile.

Sebbene trovare l'acqua in natura sia fondamentale, è altrettanto importante garantire che l'acqua raccolta sia sicura da bere. Molte fonti d'acqua naturali, anche quelle che sembrano pulite, possono ospitare batteri, parassiti o virus dannosi che possono causare gravi malattie. Le malattie trasmesse dall'acqua come la giardia o il criptosporidio sono comuni negli ambienti selvaggi, quindi prenditi sempre il tempo necessario per purificare l'acqua che raccogli.

Uno dei metodi di purificazione più semplici è l'ebollizione. Far bollire l'acqua per almeno un minuto (o tre minuti ad altitudini più elevate) ucciderà la maggior parte degli organismi nocivi. Questo metodo è molto efficace, ma richiede una fonte di calore, come un fuoco o un fornello, e un contenitore in cui far bollire l'acqua. Se porti con te un fornello portatile o hai la capacità di accendere un fuoco, l'ebollizione è uno dei metodi più efficaci. i modi migliori per garantire che la tua acqua sia sicura.

Se l'ebollizione non è un'opzione, le compresse per la purificazione dell'acqua sono un'alternativa leggera ed efficace. Queste compresse, che spesso contengono iodio o cloro, possono essere aggiunte all'acqua per uccidere batteri e virus. Di solito impiegano circa 30 minuti per agire e, sebbene possano lasciare un leggero sapore chimico, sono un modo semplice e affidabile per purificare l'acqua mentre sei in movimento. Assicurati di seguire le istruzioni sulla confezione delle compresse per assicurarti di utilizzare il dosaggio corretto per la quantità di acqua che stai purificando.

La filtrazione è un altro metodo comune per rendere l'acqua sicura da bere. I filtri per l'acqua portatili sono disponibili in varie dimensioni e possono rimuovere particelle, batteri e alcuni virus dall'acqua. Questi filtri utilizzano spesso un sistema di pompa o un meccanismo a cannuccia per filtrare l'acqua mentre la bevi. Sebbene i filtri siano efficaci nel rimuovere molti contaminanti, potrebbero non catturare organismi più piccoli come i virus, quindi è una buona idea combinare la filtrazione con la purificazione chimica per una maggiore sicurezza.

In alcuni casi, potrebbe essere necessario purificare l'acqua utilizzando metodi naturali. Un'opzione è quella di creare un distillatore solare, che utilizzi il calore del sole per far evaporare l'acqua e poi condensarla in un contenitore pulito. Per costruire un distillatore solare, scava una buca nel terreno e posiziona un contenitore al centro. Copri il foro con un foglio di plastica, posizionando una roccia o un peso al centro della plastica in modo che sia inclinata verso il basso. Man mano che il sole riscalda il terreno, l'umidità evaporerà e si accumulerà sul lato inferiore della plastica, gocciolando infine nel contenitore.

Sebbene sia importante sapere come purificare l'acqua, prevenire è sempre meglio che curare. Evita l'acqua potabile proveniente da fonti vicine a insediamenti umani, fattorie o aree industriali, poiché queste hanno maggiori probabilità di essere contaminate da sostanze chimiche o rifiuti. Se l'acqua ha un colore, un odore o un sapore strano o se noti alghe o animali morti nelle vicinanze, è meglio trovare un'altra fonte.

Trovare fonti d'acqua naturali in natura richiede un'attenta osservazione del terreno, del comportamento degli animali e delle condizioni ambientali. Ruscelli, laghi e rugiada sono alcune delle migliori opzioni, ma purifica sempre l'acqua prima di berla per evitare malattie. Sia che si utilizzi l'ebollizione, le compresse chimiche o la filtrazione, garantire la sicurezza dell'acqua potabile è un passo fondamentale nella sopravvivenza della natura selvaggia.

## Tecniche di filtrazione, purificazione e bollitura

Rendere l'acqua sicura da bere è un'abilità vitale in ogni situazione di sopravvivenza. Senza accesso all'acqua pulita, il corpo può rapidamente disidratarsi, provocando affaticamento, confusione e persino malattie gravi. L'acqua che trovi in natura, proveniente da un ruscello, da un lago o anche da una pioggia, potrebbe sembrare pulita, ma può comunque ospitare microrganismi pericolosi, sporco o sostanze chimiche. Per evitare di ammalarsi, è essenziale sapere come filtrare, purificare e far bollire l'acqua, utilizzando le tecniche giuste per garantire che sia sicura per il consumo.

Filtrare l'acqua è il primo passo per renderla più sicura da bere. I filtri aiutano a rimuovere detriti, sporco e alcuni batteri nocivi, rendendo l'acqua più limpida e meno probabile che causi malattie. Uno dei modi più semplici per filtrare l'acqua in natura è utilizzare materiali naturali. Un metodo semplice prevede di stratificare sabbia, ghiaia e carbone in un contenitore, versare l'acqua al suo interno e lasciare che i materiali intrappolino eventuali particelle. Puoi creare un filtro improvvisato tagliando il fondo di una bottiglia di plastica o utilizzando un tubo cavo, quindi aggiungendo strati di ghiaia, sabbia e carbone dal fuoco per filtrare i contaminanti più grandi. Questo processo non ucciderà batteri o virus, ma migliorerà l'aspetto dell'acqua e ridurrà il rischio di ingerire particelle più grandi o sporco.

Per un filtraggio più efficace, i filtri per l'acqua portatili sono la scelta migliore. Questi filtri sono disponibili in varie dimensioni e possono essere acquistati per il campeggio o come kit di emergenza. Alcuni sono dispositivi simili a cannucce che consentono di bere direttamente dalla fonte d'acqua, mentre altri utilizzano sistemi di pompa per filtrare quantità maggiori di acqua in un contenitore. Questi filtri sono progettati per rimuovere la maggior parte dei batteri, protozoi e parassiti che possono causare malattie gastrointestinali. Lo svantaggio è che molti filtri non rimuovono i virus, che sono più piccoli dei batteri e possono comunque passare. Tuttavia, la combinazione della filtrazione con un altro metodo di purificazione come l'ebollizione o il trattamento chimico rende l'acqua molto più sicura da bere.

La purificazione dell'acqua è il passo importante successivo al filtraggio. La purificazione uccide o neutralizza i microrganismi dannosi come batteri, virus e protozoi che possono causare malattie come giardia, criptosporidio o dissenteria. Un metodo comune e conveniente di purificazione consiste nell'utilizzare compresse o gocce per la purificazione dell'acqua. Queste compresse, che spesso contengono sostanze chimiche come iodio o cloro, sono leggere e facili da trasportare in un kit di sopravvivenza. Per utilizzarli, aggiungi semplicemente il numero consigliato di compresse all'acqua filtrata, agita il contenitore e attendi circa 30 minuti. Questa volta consente alle sostanze chimiche di uccidere eventuali organismi nocivi. Lo svantaggio del trattamento chimico è che può lasciare un sapore leggermente amaro, ma è un piccolo prezzo da pagare per l'acqua sicura. Se trovi il sapore sgradevole, puoi aggiungere un aroma, come una miscela per bevande in polvere, una volta completato il processo di purificazione.

Un altro metodo per purificare l'acqua è la luce ultravioletta (UV). I dispositivi a luce UV, come i purificatori UV portatili, vengono utilizzati per sterilizzare l'acqua distruggendo il DNA dei microrganismi, rendendoli incapaci di riprodursi e causare malattie. Questi dispositivi sono compatti, facili da usare e molto efficaci in acque limpide, ma non funzionano bene se l'acqua è torbida o contiene molti detriti. Questo è il motivo per cui la filtrazione è essenziale prima di utilizzare un purificatore UV. Basta posizionare il dispositivo UV nell'acqua, mescolarlo e lasciarlo agire per il tempo consigliato (di solito circa 60 secondi per un litro d'acqua). Il vantaggio principale della purificazione UV è che non lascia alcun sapore chimico, rendendo l'acqua più piacevole da bere.

L'ebollizione dell'acqua è uno dei metodi più antichi e affidabili per renderla sicura da bere. È particolarmente efficace perché uccide quasi tutti i batteri, virus e parassiti dannosi che potrebbero essere presenti. Per far bollire l'acqua avrai bisogno di una fonte di calore, come un fuoco o un fornello da campeggio, e un contenitore metallico o resistente al calore. Una volta raccolta l'acqua, portala a ebollizione e mantienila in ebollizione per almeno un minuto per garantire che tutti i microrganismi dannosi vengano distrutti. Se ti trovi ad altitudini più elevate (sopra i 6.500 piedi), dove l'acqua bolle a una temperatura più bassa, si consiglia di far bollire l'acqua per tre minuti. La bollitura è efficace, ma richiede carburante e tempo e, una volta bollita, dovresti lasciare raffreddare l'acqua prima di berla.

Nelle situazioni in cui non è possibile accendere un fuoco o trovare combustibile, esistono altri metodi per purificare l'acqua che non richiedono calore. Una di queste tecniche è la disinfezione solare, nota anche come SODIS. Questo metodo utilizza l'energia del sole per uccidere i microrganismi dannosi presenti nell'acqua. Per utilizzare questa tecnica, avrai bisogno di bottiglie di plastica trasparenti e dell'accesso alla luce solare diretta. Riempire le bottiglie d'acqua, agitarle per ossigenare l'acqua, quindi posizionarle su una superficie piana in pieno sole per sei ore. I raggi UV del sole uccideranno la maggior parte degli organismi nocivi, rendendo l'acqua più sicura da bere. SODIS funziona meglio con acqua limpida ed è meno efficace in condizioni nuvolose o con acqua fortemente contaminata. Anche se non è veloce come l'ebollizione, è una buona alternativa quando il carburante scarseggia.

In alcune situazioni di sopravvivenza, potresti anche imbatterti nell'acqua piovana o nella neve come potenziali fonti d'acqua. L'acqua piovana è generalmente pulita e sicura da bere, soprattutto se raccolta direttamente in un contenitore senza toccare piante o superfici che potrebbero contaminarla. Tuttavia, fai sempre attenzione se ti trovi vicino ad aree industriali o dopo un forte temporale, poiché l'acqua piovana potrebbe raccogliere sostanze inquinanti dall'atmosfera. La neve può anche essere sciolta per produrre acqua, ma non mangiarla mai direttamente perché può abbassare la temperatura corporea. Sciogliere sempre la neve sul fuoco o con il calore del corpo in un contenitore per trasformarla in acqua potabile. Una volta sciolto, è una buona idea filtrarlo o purificarlo se si sospetta la presenza di contaminanti.

Oltre a questi metodi comuni, è anche utile sapere come creare un distillatore solare, soprattutto in ambienti aridi o desertici dove le fonti d'acqua sono difficili da trovare. Un sistema solare utilizza ancora il calore del sole per far evaporare l'umidità dal terreno o dalle piante e condensarla in acqua potabile. Per realizzarne uno, scavate una buca nel terreno e posizionate un contenitore al centro. Copri il buco con un telo di plastica, usando un piccolo peso al centro per creare una pendenza. Il sole farà evaporare l'umidità dal terreno o dalle piante sotto la plastica, che si raccoglierà sul lato inferiore della plastica e gocciolerà nel contenitore. Sebbene questo metodo produca solo una piccola quantità di acqua, può salvare la vita in condizioni estreme.

Quando si tratta di sopravvivenza, assicurarsi che l'acqua sia sicura da bere è una priorità assoluta. La filtrazione rimuove i detriti e le particelle di grandi dimensioni, mentre la purificazione uccide i microrganismi dannosi e l'ebollizione fornisce un'ultima linea di difesa efficace. Che tu stia utilizzando materiali naturali, compresse chimiche, purificatori UV o semplicemente facendo bollire l'acqua sul fuoco, padroneggiare queste tecniche ti garantirà l'accesso all'acqua pulita, indipendentemente da dove ti trovi nella natura selvaggia. Porta sempre con te metodi di riserva come compresse purificanti o un filtro portatile e ricorda che anche l'acqua dall'aspetto più limpido può nascondere pericoli invisibili. Combinando tecniche di filtrazione, purificazione e bollitura, puoi garantire che la tua acqua sia sicura da bere e rimanga idratata e sana in qualsiasi situazione di sopravvivenza.

## Creazione di filtri per l'acqua di emergenza da materiali naturali

Creare filtri per l'acqua di emergenza con materiali naturali può essere un'abilità salvavita in situazioni di sopravvivenza. Quando sei nella natura selvaggia, potresti trovare fonti d'acqua che sembrano limpide ma che potrebbero comunque contenere particelle dannose come sporco, batteri o parassiti. Anche se questi filtri fatti in casa non purificheranno completamente l'acqua rimuovendo tutti gli agenti patogeni, possono ridurre significativamente i contaminanti e rendere l'acqua molto più sicura da bere. Il processo prevede l'utilizzo di materiali naturali come sabbia, carbone e ghiaia per imitare il processo di filtrazione che avviene in natura.

La chiave per creare un efficace filtro dell'acqua di emergenza è la stratificazione. Materiali diversi svolgono ruoli specifici, come intrappolare sporco e detriti o filtrare particelle più piccole. Puoi costruire un semplice filtro utilizzando i materiali che trovi intorno a te, insieme a un contenitore per contenere il filtro e l'acqua. Il contenitore più semplice potrebbe essere una bottiglia di plastica vuota, ma in una vera situazione di sopravvivenza potresti usare la corteccia di un albero, un tronco scavato o anche un tessuto a trama fitta.

Per iniziare, dovrai raccogliere tre materiali filtranti essenziali: ghiaia, sabbia e carbone. Ciascuno di questi materiali ha proprietà diverse che aiutano a filtrare l'acqua. La ghiaia funge da prima linea di difesa, catturando detriti di grandi dimensioni come foglie, bastoncini o insetti. La sabbia aiuta a intrappolare le particelle più piccole come sporco e sedimenti. Il carbone, che può essere creato bruciando la legna in un fuoco e poi spegnendolo, è particolarmente efficace nel rimuovere le impurità e persino alcune sostanze chimiche dannose grazie alla sua capacità di assorbire le tossine. È importante ricordare che questo metodo non rimuove batteri o virus, quindi l'acqua filtrata deve essere comunque bollita o purificata prima di essere bevuta.

Inizia trovando un contenitore per il tuo filtro. Se hai una bottiglia di plastica vuota, taglia il fondo per creare un'apertura. Se non hai una bottiglia, puoi creare una forma a cono utilizzando grandi foglie, corteccia o qualsiasi altro materiale disponibile che possa contenere gli strati filtranti. Fissare il fondo del filtro con un panno o dell'erba per evitare che i materiali cadano. Se stai usando una bottiglia, la bocca della bottiglia fungerà da fondo.

Il primo strato nel filtro dovrebbe essere il materiale grossolano, ovvero la ghiaia. Avrai bisogno di una manciata di piccole pietre o ciottoli. Posiziona la ghiaia nel contenitore affinché funga da strato di base. Il ruolo della ghiaia è quello di catturare particelle più grandi come ramoscelli, foglie o insetti che potrebbero essere presenti nell'acqua. La ghiaia consente all'acqua di fluire mantenendo lontani questi contaminanti più grandi. Questo è un passaggio importante perché impedisce che gli strati più piccoli si intasino troppo rapidamente con i detriti.

Successivamente, aggiungi uno strato di sabbia sopra la ghiaia. La sabbia agisce come un filtro fine, intrappolando le particelle più piccole che sono passate attraverso la ghiaia. La sabbia è abbondante in molti ambienti, in particolare vicino a fiumi o spiagge. Se la sabbia che trovi è mescolata con lo sporco, prova a sciacquarla prima per rimuovere alcuni dei contaminanti più grandi prima di aggiungerla al filtro. Lo strato di sabbia dovrebbe essere sufficientemente spesso da rallentare il flusso dell'acqua e consentire una migliore filtrazione. Quando l'acqua passa attraverso la sabbia, diventa molto più limpida perché la maggior parte dello sporco e delle piccole particelle rimangono intrappolate.

Dopo la sabbia, aggiungi uno strato di carbone. Il carbone può essere prodotto bruciando la legna nel fuoco e poi spegnendola prima che si trasformi in cenere. Una volta che il legno si sarà raffreddato, frantumarlo in piccoli pezzi o polvere. Il carbone è una parte fondamentale del processo di filtrazione perché assorbe sostanze chimiche, tossine e alcuni agenti patogeni che potrebbero essere presenti nell'acqua. I minuscoli pori del carbone catturano le impurità, rendendo l'acqua più pulita. Assicurati di frantumare il carbone in piccoli frammenti per massimizzare la sua superficie e la capacità di filtraggio.

Se possibile, ripeti il processo di stratificazione per aumentare l'efficacia del filtro. Ad esempio, dopo il carbone, puoi aggiungere un altro strato di sabbia, seguito nuovamente da ghiaia. Più strati ha il filtro, migliore sarà la pulizia dell'acqua. Puoi anche aggiungere altri materiali come muschio o foglie tra gli strati per fornire una filtrazione extra, ma fai attenzione all'utilizzo di materia organica che potrebbe marcire o introdurre più batteri.

Una volta costruito il filtro, versa l'acqua contaminata attraverso la parte superiore e lasciala scorrere attraverso i diversi strati. L'acqua dovrebbe uscire molto più limpida dal fondo. Tuttavia, anche se l'acqua sembra pulita, è fondamentale ricordare che il filtro ha rimosso solo particelle, sporco e alcune tossine. Potrebbero essere ancora presenti microrganismi dannosi come batteri, virus e parassiti. Pertanto, è essenziale far bollire l'acqua filtrata o utilizzare un altro metodo di purificazione, come le compresse di iodio, per garantire che sia sicura da bere.

L'acqua bollente è uno dei modi più efficaci per uccidere eventuali agenti patogeni rimasti. Per fare questo, porta l'acqua a ebollizione per almeno un minuto e, se ti trovi ad alta quota (sopra i 6.500 piedi), fai bollire per tre minuti. Ciò garantisce che i microrganismi vengano distrutti. Dopo la bollitura, lasciare raffreddare l'acqua prima di consumarla. L'acqua bollente ha anche il vantaggio aggiuntivo di migliorare il gusto dell'acqua che potrebbe aver assorbito parte del sapore del carbone.

Oltre all'ebollizione, il trattamento chimico è un'altra opzione per purificare l'acqua filtrata. L'uso di compresse o gocce per la purificazione dell'acqua, che spesso contengono cloro o iodio, può uccidere batteri, virus e parassiti. Queste compresse sono leggere e facili da trasportare nei kit di sopravvivenza. Segui le istruzioni sulla confezione per determinare quante compresse sono necessarie in base alla quantità di acqua che hai. Tieni presente che i trattamenti chimici a volte possono lasciare un leggero sapore, ma questo può essere risolto aggiungendo un aroma o lasciando che l'acqua rimanga scoperta per un po'.

Sebbene i filtri dell'acqua di emergenza che utilizzano materiali naturali siano un ottimo modo per migliorare la qualità dell'acqua in una situazione di sopravvivenza, non sono infallibili. Non forniscono una protezione completa contro tutte le malattie trasmesse dall'acqua, quindi combinare la filtrazione con la purificazione è il modo più sicuro per garantire acqua potabile. In una vera emergenza, anche un semplice filtro è meglio che bere acqua sporca, ma è sempre importante adottare misure aggiuntive per rendere l'acqua quanto più sicura possibile.

Creare un filtro per l'acqua di emergenza con materiali naturali è un'abilità di sopravvivenza cruciale che può migliorare significativamente la qualità dell'acqua che si trova in natura. Stratificando ghiaia, sabbia e carbone, puoi costruire un filtro funzionale che rimuove detriti, sporco e alcuni prodotti chimici. Tuttavia, ricorda sempre che il filtraggio da solo non è sufficiente per rendere l'acqua completamente sicura. L'ebollizione o la purificazione chimica dovrebbero sempre seguire la filtrazione per garantire che eventuali microrganismi dannosi rimanenti vengano eliminati.

Padroneggiando queste tecniche, sarai meglio equipaggiato per rimanere idratato e in salute in qualsiasi scenario di sopravvivenza nella natura selvaggia.

# CAPITOLO 7

# Approvvigionamento alimentare attraverso la raccolta e la cattura

## Piante selvatiche commestibili: identificazione degli alimenti nutrienti e sicuri

Identificare le piante selvatiche commestibili in una situazione di sopravvivenza è una delle abilità più importanti per mantenersi nutriti. Anche se in natura esistono molte piante in grado di fornire nutrienti essenziali, è fondamentale capire come distinguerle dalle piante velenose. Confondere l'uno con l'altro può portare a gravi malattie o addirittura alla morte. Per rendere la raccolta più sicura, ci sono alcune regole e linee guida generali che puoi seguire, insieme a piante specifiche che si trovano comunemente in vari ambienti.

Innanzitutto è importante conoscere le diverse categorie di piante selvatiche che possono essere mangiate. Questi includono radici, foglie, semi, bacche e noci. Ogni tipo di pianta fornisce nutrienti diversi, quindi una dieta variata a base di piante selvatiche può mantenere il tuo corpo alimentato con le vitamine, i minerali e le calorie di cui hai bisogno per sopravvivere. Ad esempio, le piante ricche di carboidrati, come tuberi e radici, forniscono energia, mentre le verdure a foglia possono offrire vitamine e minerali. Tuttavia, non tutte le parti di ogni pianta sono sicure da mangiare, anche se alcune sezioni, come le bacche o le foglie, sono commestibili.

Uno dei modi più sicuri per identificare le piante selvatiche commestibili è familiarizzare con alcune di quelle comuni che si trovano in molti climi e regioni diversi. Piante come il dente di leone, il platano e la tifa sono diffuse, facili da identificare e forniscono nutrienti essenziali. I denti di leone sono incredibilmente utili perché ogni parte della pianta è commestibile, dai fiori gialli alle foglie e alle radici. Le foglie sono ricche di vitamine A e C, mentre la radice può essere utilizzata come sostituto del caffè una volta essiccata e tostata.

Un'altra pianta facile da riconoscere è la tifa, che solitamente si trova vicino a fonti d'acqua. Le tife hanno capolini lunghi, marroni, a forma di sigaro e crescono nelle paludi e lungo i bordi di laghi e stagni. I giovani germogli, le radici e il polline delle tife sono tutti commestibili. Le radici sono particolarmente utili perché contengono amido, che può essere cotto come le patate o ridotto in farina.

Tuttavia, è fondamentale essere sempre cauti quando si cercano piante selvatiche. Molte piante velenose somigliano molto a quelle commestibili. Ad esempio, la cicuta d'acqua e la cicuta velenosa sembrano simili alle piante commestibili come le carote selvatiche o la pastinaca, ma sono mortali. Una delle regole di sicurezza più importanti è evitare piante che non è possibile identificare con certezza. È qui che la conoscenza diventa preziosa: sapere quali piante sono velenose nella tua regione è importante tanto quanto sapere cosa è commestibile.

Una tecnica utile per identificare potenziali piante commestibili in natura è il test di commestibilità universale, che ti aiuta a determinare se una pianta sconosciuta è sicura da mangiare. Il test prevede diversi passaggi ed è fondamentale seguirli attentamente. Inizia separando la pianta in parti, radici, steli, foglie, fiori e semi, e testa ciascuna parte individualmente, poiché alcune parti potrebbero essere sicure da mangiare mentre altre no. Strofina un piccolo pezzo della parte della pianta sulla parte interna del polso e attendi 15 minuti per verificare eventuali reazioni avverse, come prurito, gonfiore o arrossamento.

Se non si verifica alcuna reazione, il passo successivo è prendere un pezzettino di pianta e posizionarlo sulle labbra. Tienilo lì per alcuni minuti e controlla eventuali formicolio, bruciore o disagio. Se non c'è reazione, metti il pezzo in bocca ma non ingoiarlo. Masticalo per diversi minuti per vedere se si verifica qualche irritazione in bocca o in gola. Se ancora non si verifica alcuna reazione, puoi ingoiare un pezzettino e attendere diverse ore per vedere se avverti sintomi negativi come nausea, vomito o diarrea. Solo dopo aver superato tutti questi test dovresti considerare la pianta sicura da mangiare.

Oltre alle linee guida generali sulla sicurezza, ci sono anche alcuni segnali di pericolo che spesso indicano che una pianta è velenosa. Le piante con profumo di mandorla, foglie lucenti o bacche bianche o gialle sono spesso pericolose. Evita le piante che hanno linfa lattiginosa o funghi con cappucci o branchie rossi, poiché sono spesso tossici. Allo stesso modo, le piante che hanno grappoli di fiori a forma di ombrello, come la cicuta, dovrebbero essere evitate a meno che non si sia assolutamente certi che siano sicure da mangiare.

Il foraggiamento richiede anche la conoscenza delle stagioni e degli ambienti. Alcune piante commestibili sono disponibili solo in determinati periodi dell'anno. Ad esempio, le bacche tendono a maturare a fine estate e all'inizio dell'autunno, mentre alcune verdure e germogli vengono raccolti meglio in primavera. Gli ortaggi a radice, come le cipolle selvatiche e l'aglio, possono essere raccolti in autunno, quando altre fonti di cibo potrebbero scarseggiare. Sapere quando e dove cercare le piante commestibili è fondamentale per la sopravvivenza, e questa conoscenza può spesso essere acquisita attraverso l'esperienza o imparando da altri che hanno familiarità con la vita vegetale locale.

Alcune delle piante selvatiche più nutrienti e sicure che si possono trovare comunemente in diversi ambienti includono ortiche, trifogli e aglio selvatico. Le ortiche possono sembrare pericolose perché possono irritare la pelle, ma una volta cotte sono del tutto sicure e ricche di ferro e vitamina C. L'aglio selvatico è facilmente identificabile dal suo forte odore di aglio e può aggiungere sapore ai tuoi pasti. mentre i trifogli, compresi i loro fiori, sono commestibili e ricchi di proteine.

Imparare a identificare le fonti alimentari provenienti dagli alberi può anche essere incredibilmente utile in situazioni di sopravvivenza. I pini, ad esempio, forniscono una varietà di parti commestibili, inclusa la corteccia interna, che può essere bollita o essiccata e macinata fino a ottenere farina. Gli aghi possono essere utilizzati per preparare un tè ricco di vitamina C e i pinoli, presenti nelle pigne, sono una buona fonte di proteine e grassi. Anche la betulla e l'acero possono essere sfruttati per ottenere la linfa, che fornisce una sferzata di energia zuccherina.

Per quanto sia importante trovare piante nutrienti, è altrettanto essenziale evitare piante tossiche o dannose. L'edera velenosa, la quercia velenosa e il sommacco velenoso sono comuni in molte regioni e causano gravi irritazioni alla pelle. Queste piante in genere hanno "foglie di tre", che è una buona rima per aiutarti a ricordare di evitarle. Altre piante, come la già citata cicuta, possono essere mortali se consumate anche in piccole quantità.

In sintesi, identificare le piante selvatiche commestibili è un'abilità fondamentale che può fare la differenza tra la vita e la morte in una situazione di sopravvivenza. Familiarizzare con le piante commestibili comuni come il dente di leone, la tifa e l'aglio selvatico può fornirti una preziosa fonte di cibo. Sii sempre cauto ed evita le piante che non puoi identificare con sicurezza, poiché molte piante velenose somigliano molto a quelle sicure. Utilizza il test di commestibilità universale per determinare se una pianta sconosciuta è sicura da mangiare, ma ricorda che questo processo richiede tempo. Imparare a riconoscere sia le piante commestibili che quelle velenose prima di addentrarsi nella natura selvaggia è il modo migliore per garantire la propria sicurezza durante la ricerca di cibo. Facendo attenzione alle piante che incontri e prendendo precauzioni, puoi rimanere nutrito e in salute mentre affronti situazioni di sopravvivenza.

## Tecniche di cattura di base per la piccola selvaggina

Intrappolare la piccola selvaggina è un'abilità di sopravvivenza fondamentale che può fornire una fonte affidabile di cibo quando altri metodi, come il foraggiamento o la caccia, potrebbero non essere altrettanto efficaci. Le trappole funzionano sfruttando i comportamenti naturali dell'animale a tuo vantaggio, permettendoti di risparmiare energia e aumentando le possibilità di catturare cibo. Che tu ti trovi in un'area boscosa, in un campo aperto o vicino a una fonte d'acqua, sapere come posizionare trappole di base come trappole, cadute mortali e altri semplici meccanismi può fare una differenza fondamentale in una situazione di sopravvivenza. Esploriamo alcune delle tecniche di cattura più efficaci per la selvaggina di piccola taglia, sottolineando l'importanza della precisione e di una corretta impostazione.

Una delle trappole più utilizzate nelle situazioni di sopravvivenza è il laccio, che può essere sia semplice che molto efficace. Le trappole funzionano catturando un animale attorno al collo o al corpo, stringendolo mentre lotta e alla fine intrappolandolo. I materiali necessari per realizzare un rullante sono minimi: per creare l'anello è possibile utilizzare una corda resistente come filo, spago o persino viticci. La trappola viene solitamente posizionata lungo i sentieri degli animali, che sono aree in cui gli animali viaggiano frequentemente. Puoi individuare questi sentieri cercando sentieri usurati, escrementi di animali o tracce.

Per impostare una trappola di base, inizia creando un anello che sia abbastanza grande da consentire il passaggio dell'animale bersaglio, ma abbastanza piccolo da poterlo stringere attorno una volta entrato. Questo anello viene quindi fissato a un oggetto fisso, come un albero o un paletto conficcato nel terreno. La dimensione dell'anello dovrebbe corrispondere alla dimensione dell'animale che stai cercando di catturare. Per la selvaggina di piccole dimensioni come conigli o scoiattoli, di solito è sufficiente un anello di circa 4-6 pollici di diametro. Posiziona l'anello all'altezza della testa o del corpo dell'animale, assicurandoti che si mimetizzi bene con l'ambiente circostante. Per aumentare ulteriormente le tue possibilità di successo, puoi utilizzare barriere naturali, come bastoni o pietre, per incanalare l'animale verso la trappola.

Un altro metodo di cattura molto efficace è la trappola a caduta mortale, che si basa sul peso di un oggetto pesante, come una roccia o un tronco, per schiacciare o immobilizzare l'animale quando viene attivato. I deadfall sono particolarmente utili quando si cacciano piccoli animali più grandi come i procioni o persino i porcospini. Uno dei progetti di deadfall più popolari è il deadfall di Figura 4 perché può essere realizzato con materiali naturali e funziona con un semplice meccanismo di attivazione. Il deadfall di Figura 4 è costituito da tre bastoncini disposti a forma di figura 4, che sostengono una roccia pesante o un tronco sopra una piattaforma con esca.

Per creare un deadfall in Figura 4, devi trovare tre bastoncini: uno che funge da montante verticale, uno da supporto orizzontale e uno da grilletto diagonale. Questi bastoncini sono dentellati in modo da adattarsi insieme in una configurazione stabile a forma di 4. Il bastone verticale sostiene il peso, mentre il bastone diagonale è bilanciato sopra l'esca. Quando un animale tenta di abboccare all'esca, il grilletto si muove, provocando il collasso dell'intera struttura e la caduta della roccia o del tronco, intrappolando l'animale al di sotto. Questa trappola richiede un'attenta configurazione ed equilibrio, ma è incredibilmente efficace se costruita correttamente.

Oltre alle trappole e alle cadute mortali, le trappole a molla sono un altro metodo per catturare la piccola selvaggina. Una trappola a molla utilizza la tensione di un alberello piegato o di un ramo flessibile per stringere rapidamente una trappola attorno all'animale. Per montare un laccio a molla, trova innanzitutto un ramo di un albero forte e flessibile che possa essere piegato senza rompersi. Attacca il rullante alla punta del ramo e fissalo con un meccanismo a grilletto, come un picchetto o un bastoncino, vicino al suolo. L'anello della trappola viene quindi posizionato sul percorso dell'animale. Quando l'animale entra nella trappola e fa scattare il grilletto, il ramo tornerà al suo posto, sollevando l'animale da terra e fissandolo nel cappio. Questa trappola è particolarmente utile per gli animali che sono troppo grandi per una trappola normale ma troppo piccoli per giustificare trappole più elaborate.

Una variante del rullante a molla è il Paiute Deadfall, che utilizza un semplice sistema di attivazione e può essere impostato più rapidamente di una tradizionale trappola Deadfall. Come il deadfall della Figura 4, utilizza una roccia o un tronco come oggetto pesante, ma il meccanismo di innesco è costituito da una corda e un bastone affilato. La trappola Paiute è ottima per intrappolare animali più piccoli, in quanto il grilletto è molto sensibile e richiede meno precisione nella costruzione rispetto alla trappola Figura 4.

Quando si imposta una trappola, uno degli aspetti più importanti da considerare è il posizionamento. Gli animali tendono a seguire gli stessi percorsi quando cercano cibo o acqua, quindi posizionare le trappole lungo questi percorsi naturali aumenterà notevolmente le tue possibilità di successo. Cerca aree con segni di attività animale, come tracce, escrementi o sentieri usurati. Anche le sorgenti d'acqua sono luoghi ideali per le trappole, poiché gli animali visitano spesso queste aree. Anche piazzare trappole vicino a fonti di cibo, come cespugli di bacche o alberi di noci, può essere una buona strategia.

Preparare le trappole può renderle ancora più efficaci. Utilizzando l'esca giusta puoi attirare gli animali direttamente nella tua trappola, aumentando le tue possibilità di catturarli. Per gli animali erbivori come i conigli, usa esche a base vegetale come carote, mele o verdure a foglia verde. Gli animali carnivori, come i procioni o le donnole, possono essere attirati con carne, pesce o persino con l'odore del sangue. In alcuni casi, non utilizzare alcuna esca e affidarsi alla naturale curiosità o agli schemi di movimento dell'animale può essere altrettanto efficace, soprattutto con le trappole posizionate lungo i sentieri.

Sebbene queste trappole possano fornire cibo prezioso in una situazione di sopravvivenza, è essenziale controllarle frequentemente. Ciò ti garantisce di poter raccogliere rapidamente l'animale, riducendo la sofferenza e impedendo ad altri predatori di rubare la tua preda. Inoltre, controllare regolarmente le tue trappole ti consente di ripristinarle se necessario o spostarle in posizioni più promettenti.

La cattura richiede pazienza e attenzione ai dettagli. Non si tratta solo di tendere una trappola e allontanarsi, si tratta di osservare il comportamento degli animali, comprendere le loro abitudini e migliorare continuamente la propria tecnica. La pratica è la chiave per diventare esperti in queste abilità e più tempo dedichi all'apprendimento e all'impostazione di diversi tipi di trappole, più sarai sicuro e avrai successo in una situazione di sopravvivenza reale.

Sapere come posizionare trappole di base come trappole, trappole mortali e trappole a molla può essere un'abilità inestimabile quando il cibo scarseggia in natura. Le trappole sono facili da realizzare e richiedono materiali minimi, il che le rende ideali per catturare piccoli animali come conigli e scoiattoli. Le morti mortali, sebbene più complesse, possono prendere di mira animali più grandi e fornire un nutrimento più sostanzioso. Le trappole a molla utilizzano la tensione per intrappolare rapidamente gli animali, offrendo un'altra opzione affidabile. Padroneggiando queste tecniche di base e imparando a posizionare le trappole in posizioni strategiche, puoi aumentare significativamente le tue possibilità di catturare piccola selvaggina e assicurarti una fonte di cibo vitale in una situazione di sopravvivenza.

# L'arte della pesca senza attrezzi moderni: lenze e nasse

La cattura del pesce senza strumenti moderni è un'abilità praticata da secoli, contando su metodi semplici ma efficaci. Che tu ti trovi in una situazione di sopravvivenza o semplicemente desideri provare la sfida di pescare utilizzando mezzi naturali, sapere come utilizzare lenze, nasse per pesci e altre tecniche di improvvisazione può essere essenziale. Questi metodi richiedono creatività, pazienza e comprensione del comportamento dei pesci. Esploriamo le varie tecniche che puoi utilizzare per catturare i pesci senza fare affidamento su canne, mulinelli o reti.

Uno dei metodi più semplici per pescare senza strumenti moderni è utilizzare una lenza. Una lenza è essenzialmente una lenza tenuta a mano invece di essere attaccata a una canna. Questa tecnica è utilizzata da secoli dai pescatori di tutto il mondo. Tutto ciò di cui hai bisogno è un filo robusto, che potrebbe essere qualsiasi cosa, dallo spago alle fibre vegetali resistenti, e un gancio o un oggetto appuntito che funga da gancio. L'idea è di abbassare la lenza nell'acqua con l'esca e poi sentire manualmente i morsi dei pesci, tirando su la lenza una volta catturato il pesce.

Per creare una lenza di base, inizia trovando una corda abbastanza resistente da sopportare il peso e la lotta di un pesce. Se non hai la lenza, puoi usare strisce di stoffa, fibre vegetali o anche robusti rampicanti. Lega un gancio improvvisato all'estremità della lenza. Se non hai un gancio acquistato in negozio, puoi crearne uno utilizzando un oggetto piccolo e appuntito come una spina, un osso o anche un pezzo di filo piegato. Il gancio non deve essere perfetto; il suo compito principale è quello di assicurare il pesce una volta che abbocca all'esca.

L'esca è una parte essenziale della pesca con la lenza. I pesci sono spesso attratti da vermi, insetti o piccoli pezzi di carne. Se ti trovi in una situazione di sopravvivenza, puoi scavare alla ricerca di vermi o larve sotto tronchi o pietre. Piccoli pezzi di piante o anche le scaglie lucide di altri pesci possono funzionare come esca. Una volta che hai l'esca, attaccala all'amo e lancia la lenza nell'acqua. Tieni la lenza in mano e presta molta attenzione a eventuali strattoni o movimenti, che indicano che un pesce sta abboccando. Quando senti un abboccata, tira dentro velocemente la lenza, mantenendo una presa salda per evitare che il pesce scappi.

Un altro metodo efficace per catturare i pesci senza strumenti moderni è l'uso delle nasse. Le trappole per pesci funzionano guidando i pesci in un'area ristretta dove non possono scappare. Questa tecnica è stata utilizzata dalle popolazioni indigene e dalle prime civiltà e rimane ancora oggi un metodo affidabile. Le trappole per pesci possono essere realizzate con materiali naturali come bastoncini, rocce e persino fibre vegetali, il che le rende altamente adattabili a diversi ambienti.

Un tipo comune di trappola per pesci è la trappola a forma di imbuto. Questo tipo di trappola funziona guidando i pesci in un'apertura stretta da cui non possono uscire facilmente. Per costruire una trappola a imbuto, inizia raccogliendo bastoncini o canne e intrecciandoli insieme per formare una forma cilindrica con un'ampia apertura a un'estremità e un'uscita stretta all'altra. Posiziona l'estremità larga rivolta verso la corrente o dove è probabile che i pesci nuotino, ad esempio vicino alla riva o in acque poco profonde. Mentre i pesci nuotano nell'ampia apertura, trovano difficile fuggire attraverso l'uscita stretta.

Un'altra versione di una trappola per pesci è la trappola con barriera rocciosa, che funziona meglio in acque poco profonde. Per creare questa trappola dovrai costruire una barriera a forma di V utilizzando rocce o rami. La parte larga della V dovrebbe essere rivolta verso monte, dove è probabile che nuotino i pesci, mentre la parte più stretta della V conduce a una piccola piscina o a un'area chiusa dove i pesci rimarranno intrappolati. I pesci nuotano seguendo la corrente nella trappola e vengono incanalati nella piscina, dove possono essere facilmente catturati. Queste trappole sono particolarmente utili nei fiumi e nei torrenti, dove i pesci seguono naturalmente la corrente.

Un metodo di cattura più avanzato è la trappola per pesci a cestello, comunemente utilizzata in aree con acque calme o fiumi dal corso lento. Per realizzare una trappola a cesto, dovrai raccogliere bastoncini o canne lunghi e flessibili e intrecciarli a forma di cesto. L'ingresso del cesto dovrebbe essere a forma di imbuto, in modo da condurre i pesci all'interno impedendo loro di uscire. Una volta che i pesci entrano nella trappola, nuotano intorno e non riescono a trovare l'uscita stretta. Le trappole a cestello possono essere lasciate in acqua per diverse ore o anche durante la notte, aumentando le possibilità di catturare più pesci.

Un'altra tecnica di improvvisazione che puoi utilizzare è la pesca subacquea. Sebbene richieda più abilità e pazienza rispetto alle trappole o alle lenze, la pesca subacquea può essere un modo molto efficace per catturare i pesci. Per iniziare, avrai bisogno di un bastone affilato o di una lancia abbastanza forte da penetrare nel corpo del pesce. Se non disponi di una lancia adeguata, puoi crearne una affilando l'estremità di un lungo bastone o utilizzando un coltello o una roccia affilata per incidere una punta. In alcuni casi, creare una lancia a più punte, o tridente, può aumentare le tue possibilità di catturare pesci offrendoti un'area di impatto più ampia.

Quando si pesca in apnea è importante rimanere il più fermi possibile per evitare di spaventare il pesce. Muoviti lentamente e mira con attenzione quando immergi la lancia nell'acqua. L'acqua limpida e poco profonda è l'ambiente migliore per la pesca subacquea perché puoi vedere i pesci più facilmente e avere un migliore controllo sui tuoi movimenti. Il tempismo è fondamentale, aspetta che il pesce si avvicini e, quando lo fa, colpisci rapidamente e con precisione.

Un'altra tecnica utile è il metodo del solletico del pesce. Anche se può sembrare strano, il solletico al pesce è un metodo antico e altamente specializzato per catturare i pesci utilizzando solo le mani. L'idea è quella di avvicinarsi di soppiatto ai pesci, spesso vicino alle rive di fiumi o ruscelli, e accarezzarne delicatamente i fianchi, facendoli entrare in uno stato di trance. Una volta che il pesce è calmo e rilassato, puoi afferrarlo rapidamente e sollevarlo fuori dall'acqua. Questo metodo richiede molta pazienza e pratica, ma può essere sorprendentemente efficace in determinate situazioni.

Si possono creare anche reti improvvisate utilizzando materiali naturali. Se hai accesso a rampicanti, erba o strisce di stoffa, puoi intrecciarli in una semplice rete. Per fare ciò, trova lunghi fili di materiale flessibile e legali insieme per formare una griglia. Le aperture dovrebbero essere abbastanza grandi da consentire il passaggio dell'acqua ma abbastanza piccole da consentire la cattura dei pesci. Puoi quindi tendere la rete attraverso una parte stretta di un fiume o di un lago e attendere che i pesci vi nuotino dentro. Sebbene le reti richiedano uno sforzo maggiore per essere create, possono catturare più pesci contemporaneamente e rappresentano un'ottima soluzione a lungo termine per l'approvvigionamento alimentare.

La pesca senza strumenti moderni è del tutto possibile con un po' di ingegno e conoscenza. Lenze, nasse, pesca subacquea e reti improvvisate sono tutte tecniche preziose che possono essere impiegate in situazioni di sopravvivenza. Questi metodi possono richiedere un po' di tempo e di pratica, ma offrono un modo affidabile per assicurarsi il cibo in natura. Comprendere il comportamento dei pesci e utilizzare le risorse intorno a te aumenterà notevolmente le tue possibilità di successo quando peschi senza attrezzatura convenzionale.

# CAPITOLO 8

# Conservare e cucinare il cibo in situazioni di sopravvivenza

## Metodi di cottura all'aperto: allo spiedo e nella fossa

Quando si cucina all'aperto, soprattutto in situazioni di sopravvivenza, è importante affidarsi a metodi che richiedano attrezzature minime e massimizzino le risorse disponibili in natura. Due tecniche tradizionali utilizzate da secoli sono la cottura allo spiedo e la cottura in fossa. Entrambi i metodi sono semplici, efficaci e possono essere applicati a un'ampia varietà di alimenti, dalla piccola selvaggina e pesce ai tuberi e alle radici. Esaminiamo queste tecniche in dettaglio, compreso come funzionano e perché sono particolarmente utili in contesti di sopravvivenza.

La cottura allo spiedo è uno dei modi più antichi e semplici per cuocere la carne all'aperto. Nella sua forma base, la cottura allo spiedo consiste nell'infilzare un pezzo di carne o un animale intero su un lungo bastone o palo e ruotarlo lentamente su un fuoco aperto. Questo metodo funziona particolarmente bene per la selvaggina di piccola e media taglia come conigli, uccelli o pesci, ma può essere utilizzato anche per animali più grandi se si riesce a creare uno spiedo abbastanza robusto.

Per arrostire allo spiedo, devi prima preparare la carne pulendola ed eviscerandola, assicurandoti che sia sicura da cucinare. Quindi, trova un bastone lungo e robusto, preferibilmente di legno verde, che non bruci facilmente e spingilo attraverso il corpo dell'animale. Il bastoncino deve essere abbastanza lungo da estendersi ben oltre la lunghezza della carne in modo da poterla sostenere sul fuoco. La legna verde è ideale perché resiste più a lungo al calore del fuoco senza prendere fiamma.

Successivamente, create due bastoncini biforcuti o supporti a forma di "Y", che manterranno lo spiedo sul fuoco. Spingi saldamente questi bastoncini nel terreno su entrambi i lati del fuoco. Una volta che la carne è fissata sullo spiedo e posizionata sul fuoco, la chiave è ruotare lo spiedo lentamente e in modo coerente. Girare regolarmente lo spiedo permette alla carne di cuocere in modo uniforme su tutti i lati ed evita che si bruci in un punto. Questa cottura lenta e uniforme garantisce che la carne sia ben cotta e abbia uno strato esterno bello e croccante pur rimanendo umida all'interno.

La cottura allo spiedo funziona bene perché il calore diretto del fuoco cuoce la carne e, mentre gira, il grasso della carne cola via, evitando che diventi eccessivamente unto. Puoi aggiungere ulteriore sapore strofinando la carne con erbe, sale o eventuali spezie che potresti avere a portata di mano. In situazioni di sopravvivenza, condimenti naturali come aglio selvatico, rosmarino o altre erbe locali possono aggiungere sapore al tuo pasto.

D'altra parte, la cottura in fossa è un altro metodo antico utilizzato da secoli da varie culture in tutto il mondo. Questa tecnica prevede di scavare una fossa nel terreno, riempirla di carboni ardenti e cuocere il cibo seppellendolo nella terra riscaldata. La cottura in fossa, chiamata anche "cottura in forno a terra", è particolarmente indicata per cuocere tagli di carne più duri, selvaggina più grande o ortaggi a radice amidacea che necessitano di un processo di cottura più lungo e lento per diventare teneri e commestibili.

Per iniziare la cottura in fossa, dovrai scavare una buca nel terreno. La dimensione della fossa dipende dalla quantità di cibo che stai cucinando. Per una piccola quantità di cibo, di solito è sufficiente un buco profondo e largo circa 2-3 piedi. Una volta scavata la fossa, si accende un fuoco all'interno della buca, lasciandolo bruciare fino ad avere una buona quantità di carboni ardenti. È importante assicurarti di avere abbastanza calore generato dai carboni, poiché è questo che cucinerà il tuo cibo.

Una volta che i carboni sono pronti, puoi preparare il cibo. Se stai cucinando carne, è una buona idea avvolgerla in foglie grandi, come foglie di banana o altro fogliame ampio e non tossico, per proteggerla dallo sporco e trattenere l'umidità. Puoi anche usare uno strato di panno pulito o anche un foglio di alluminio, se disponibile. Le verdure come patate, patate dolci o carote possono essere messe direttamente sulla brace dopo averle pulite accuratamente.

Dopo che il cibo è stato avvolto e pronto, posizionalo nella fossa sopra i carboni ardenti. Quindi, coprire il cibo con altri carboni ardenti o pietre riscaldate. Infine, riempi la fossa con la terra per intrappolare il calore all'interno, trasformando essenzialmente la fossa in un forno sotterraneo. Il calore intrappolato cuoce lentamente il cibo da tutti i lati, rendendolo tenero e saporito.

La cottura in fossa è particolarmente utile in situazioni di sopravvivenza perché richiede pochissima attenzione una volta preparata la fossa. Puoi lasciare il cibo da cucinare mentre ti occupi di altri compiti di sopravvivenza, come costruire un rifugio o raccogliere più risorse. I tempi di cottura varieranno a seconda della dimensione del cibo da cuocere. Piccoli alimenti come le verdure possono essere pronti in un'ora o due, mentre i tagli di carne più grandi potrebbero richiedere diverse ore o addirittura una notte per cuocere completamente.

Uno dei maggiori vantaggi della cottura in fossa è che permette di cuocere carni dure che sarebbero difficili da mangiare se semplicemente arrostite o bollite. Il calore lento e costante del forno terrestre scompone le fibre della carne, rendendola tenera e facile da masticare. Inoltre, conferisce al cibo il sapore affumicato della brace, conferendogli un gusto ricco e soddisfacente.

Oltre alla cottura allo spiedo e al pozzo, puoi anche utilizzare la cottura su pietre calde come un altro utile metodo all'aperto. Ciò comporta il riscaldamento di pietre piatte nel fuoco e il loro utilizzo per cuocere il cibo. Una volta che le pietre saranno calde, potrete posizionarle a terra o direttamente sul cibo. Le pietre piatte sono particolarmente adatte per la cottura del pesce o di fettine sottili di carne, che possono essere adagiate direttamente sulla superficie riscaldata. Questo metodo funziona rapidamente ed è particolarmente utile quando è necessario cucinare velocemente il cibo.

All'inizio cucinare all'aperto può sembrare impegnativo, ma con un po' di pratica queste tecniche diventano una seconda natura. Che tu stia arrostendo carne allo spiedo su una fiamma libera, cuocendo lentamente il cibo in una fossa di terra o utilizzando pietre calde per friggere il pasto, questi metodi forniscono modi efficaci per preparare cibo nutriente in situazioni di sopravvivenza. La chiave è capire come utilizzare le risorse naturali intorno a te e adattare questi metodi alla situazione in questione.

Negli scenari di sopravvivenza, la capacità di cucinare il cibo in modo sicuro ed efficiente è fondamentale per mantenere energia e salute. Il cibo crudo o poco cotto può ospitare batteri nocivi, motivo per cui queste tecniche, che cuociono a fondo il cibo, sono preziose. Che tu stia cercando di ottenere il massimo dalla piccola selvaggina o semplicemente di cucinare le radici che hai raccolto, questi metodi collaudati nel tempo ti aiuteranno a ottenere il massimo dal tuo cibo in natura.

Sia la cottura allo spiedo che quella in fossa offrono modi pratici ed efficaci per cucinare in ambienti all'aperto e di sopravvivenza. Utilizzano risorse minime e fanno affidamento sul fuoco, sulla terra e su materiali naturali, che in genere sono facili da trovare. Con la pratica e le giuste condizioni, questi metodi possono fare la differenza tra un pasto caldo e soddisfacente e un'esperienza difficile nella natura.

## Conservazione di carne e pesce: essiccazione, affumicatura e salatura

Conservare carne e pesce è un'abilità fondamentale per la sopravvivenza a lungo termine. Che tu sia nella natura selvaggia o che ti stia preparando per una situazione di emergenza, la capacità di mantenere il cibo sicuro da mangiare per un lungo periodo può fare la differenza tra prosperare e lottare. Tre metodi principali per conservare carne e pesce includono l'essiccazione, l'affumicatura e la salatura. Ciascun metodo ha lo scopo essenziale di rimuovere l'umidità dal cibo, impedendo la crescita di batteri e muffe. Comprendere come utilizzare questi metodi in modo efficace può aumentare notevolmente le tue possibilità di sopravvivenza prolungando la durata di conservazione del tuo cibo.

L'essiccazione della carne e del pesce è uno dei metodi di conservazione più semplici e antichi. Rimuovendo l'umidità, si rende il cibo meno ospitale per i batteri, che fanno affidamento sull'acqua per crescere. Per essiccare carne o pesce è necessario tagliarli a strisce sottili, il che aiuta ad accelerare il processo di essiccazione. Per la carne è meglio utilizzare tagli magri, poiché il grasso non si asciuga bene e si deteriora più velocemente. Il pesce può essere eviscerato e sfilettato a fette sottili per asciugarlo in modo più efficiente.

Per essiccare la carne o il pesce è necessario un ambiente caldo, asciutto e preferibilmente ventilato. Un modo per asciugarlo è stendere le strisce su una griglia o appenderle su un filo alla luce diretta del sole. Funziona meglio nei climi secchi dove il sole può far evaporare rapidamente l'umidità. È importante coprire il cibo con una rete o un altro rivestimento protettivo per tenere lontani insetti e animali. Il tempo di asciugatura dipende dallo spessore della carne o del pesce, dalla temperatura e dall'umidità, ma in genere sono necessari diversi giorni affinché il cibo si asciughi completamente.

Un altro metodo per essiccare carne e pesce è utilizzare una fiamma bassa, ad esempio sul fuoco. In questo caso potete appendere le strisce di cibo su una griglia vicino al fuoco ma non direttamente sopra. Il calore aiuterà a far evaporare l'umidità senza cuocere il cibo. Fare attenzione a non avvicinare troppo la carne o il pesce alla fiamma perché potrebbero bruciarsi o cuocersi in modo non uniforme. Una volta asciugati correttamente, gli alimenti diventeranno duri e fragili. Questa carne o pesce essiccato può quindi essere conservato in un luogo fresco e asciutto e può durare per settimane o addirittura mesi, rendendolo una fonte di cibo affidabile in situazioni di sopravvivenza.

L'affumicatura è un altro metodo eccellente per conservare carne e pesce e aggiunge anche un sapore ricco e affumicato al cibo. Come l'essiccazione, l'affumicatura rimuove l'umidità dalla carne, ma il fumo stesso aggiunge anche un ulteriore livello di protezione creando un ambiente ostile ai batteri. Esistono due tipi principali di affumicatura: l'affumicatura a freddo e l'affumicatura a caldo.

L'affumicatura a freddo consiste nell'appendere la carne o il pesce in un affumicatore o in un affumicatore dove la temperatura rimane relativamente bassa, in genere tra 70 ° F e 90 ° F (da 21 ° C a 32 ° C). Il cibo è esposto al fumo per diverse ore o addirittura giorni, che rimuove lentamente l'umidità senza cuocere il cibo. Questo metodo richiede più tempo ma si traduce in un prodotto che può durare più a lungo, soprattutto se combinato con la salatura o la stagionatura.

L'affumicatura a caldo, invece, cuoce il cibo mentre lo affumica. Questo viene fatto a temperature più elevate, solitamente tra 150 ° F e 200 ° F (da 65 ° C a 93 ° C). L'affumicatura a caldo richiede meno tempo dell'affumicatura a freddo, ma la carne o il pesce non dureranno così a lungo senza refrigerazione. Tuttavia, per la conservazione a breve termine e il consumo immediato, l'affumicatura a caldo è un metodo efficace e saporito.

Per affumicare carne o pesce, inizia preparando un fuoco utilizzando legno duro come quercia, noce o legni da frutto come melo o ciliegio. Evita i legni teneri come il pino o l'abete, che producono fumo resinoso che può rendere il cibo sgradevole. Una volta che il fuoco si è spento per creare un letto di carboni ardenti, aggiungi la legna per l'affumicatura e posiziona il cibo in un affumicatore o sopra una semplice struttura che consenta al fumo di circolare attorno al cibo. Assicurati che il cibo sia abbastanza alto sopra il fuoco in modo che non cuocia troppo velocemente. Il tempo di affumicatura varia a seconda delle dimensioni e dello spessore della carne o del pesce, ma spesso sono necessarie diverse ore per ottenere il giusto livello di conservazione.

La salatura è uno dei metodi più affidabili di conservazione degli alimenti ed è stata utilizzata per secoli, soprattutto nelle zone in cui non era disponibile la refrigerazione. Il sale estrae l'umidità dalla carne o dal pesce attraverso un processo chiamato osmosi, che impedisce ai batteri di crescere e rovinare il cibo. Esistono due modi principali per conservare gli alimenti utilizzando il sale: salatura a secco e salamoia.

La salatura a secco prevede lo sfregamento di grandi quantità di sale direttamente sulla carne o sul pesce. Il sale penetra nel cibo, estraendone l'umidità e formando una barriera protettiva contro i batteri. Per fare ciò, ricoprire completamente il cibo con il sale, facendo attenzione a penetrare nelle eventuali fessure. La carne o il pesce salati vengono poi conservati in un luogo fresco e asciutto per diversi giorni. Successivamente, puoi eliminare il sale in eccesso e il cibo sarà pronto per la conservazione. La carne salata può durare mesi se conservata correttamente, rendendola un metodo essenziale per la conservazione a lungo termine.

La salamoia è un altro modo di utilizzare il sale per conservare il cibo e prevede l'immersione della carne o del pesce in una miscela di acqua e sale. La soluzione salina consiste tipicamente di circa una tazza di sale per ogni litro d'acqua. Questo liquido salato crea un ambiente in cui i batteri non possono prosperare. La carne o il pesce vengono messi in salamoia e lasciati per diversi giorni, a seconda della dimensione e dello spessore dell'alimento. Dopo la salatura gli alimenti possono essere essiccati o affumicati per una conservazione ancora più lunga.

In situazioni di sopravvivenza, la salatura può essere un vero toccasana, soprattutto se si ha accesso a grandi quantità di sale. La carne o il pesce conservati possono essere confezionati e portati con sé, fornendo una fonte essenziale di proteine per settimane o addirittura mesi. Quando arriva il momento di mangiare il cibo salato, è bene metterlo a bagno in acqua per qualche ora per eliminare parte del sale prima di cuocerlo o consumarlo, altrimenti potrebbe risultare piuttosto salato.

La combinazione di questi metodi (essiccazione, affumicatura e salatura) può offrire una protezione ancora maggiore per il cibo. Ad esempio, puoi prima salare la carne e poi asciugarla, oppure salarla e affumicarla. Questi metodi combinati aiutano a garantire che il cibo duri ancora più a lungo, fornendo una fonte di cibo affidabile durante scenari di sopravvivenza prolungata.

Conservare carne e pesce essiccando, affumicando e salando non significa solo mantenere il cibo commestibile più a lungo; si tratta di assicurarsi di avere accesso a un'alimentazione vitale quando le altre fonti alimentari scarseggiano. Nella natura selvaggia o in caso di emergenza, questi metodi consentono di conservare il cibo senza refrigerazione, ridurre gli sprechi e sfruttare al massimo le risorse disponibili. Padroneggiando queste tecniche, aumenti le tue possibilità di sopravvivenza e ti assicuri di avere il sostentamento necessario per andare avanti quando i tempi si fanno difficili.

## Far durare gli edibili selvatici: tecniche di disidratazione e fermentazione

La disidratazione e la fermentazione sono due tecniche consolidate nel tempo per preservare gli edibili selvatici. Questi metodi sono particolarmente utili in situazioni di sopravvivenza in cui sono essenziali scorte di cibo a lungo termine. La disidratazione comporta la rimozione dell'umidità dal cibo per prevenire la crescita di batteri e muffe, mentre la fermentazione utilizza batteri benefici per preservare il cibo e migliorarne il valore nutrizionale. Capire come disidratare e fermentare gli edibili selvatici può migliorare notevolmente la tua capacità di conservare il cibo per un uso futuro, rendendo queste tecniche essenziali per la sopravvivenza.

La disidratazione è uno dei metodi più semplici ed efficaci per preservare gli edibili selvatici. Funziona eliminando il contenuto di acqua dal cibo, impedendo la crescita di batteri, lieviti e muffe. Questo processo può essere eseguito con frutta, verdura, funghi, erbe aromatiche e persino alcune verdure. Quando cerchi commestibili selvatici, potresti imbatterti in piante come bacche, radici commestibili o foglie, che possono essere tutte disidratate per un uso futuro.

Per disidratare gli alimenti selvatici, assicurati innanzitutto che siano puliti e privi di sporco, insetti o altri contaminanti dannosi. Frutta e verdura dovrebbero essere tagliate a fette sottili per accelerare il processo di essiccazione. Più sottili sono le fette, più rapida sarà la disidratazione. Per le verdure a foglia verde e le erbe aromatiche, puoi disporle in piano o raggrupparle insieme, a seconda del metodo che stai utilizzando.

Nelle zone selvagge, la forma più elementare di disidratazione è l'essiccazione al sole. Questo metodo richiede condizioni calde, asciutte e soleggiate. Puoi posizionare gli edibili selvatici su una superficie piana, come una roccia o uno stendino improvvisato, assicurandoti che siano distribuiti uniformemente e non sovrapposti. È utile coprire il cibo con una rete sottile o un panno per tenere lontani gli insetti e consentire la circolazione dell'aria. La disidratazione al sole può richiedere da poche ore a diversi giorni, a seconda del tempo e del tipo di cibo da essiccare. Saprai che il cibo è pronto quando risulta asciutto e coriaceo, ma non fragile.

Un altro metodo di disidratazione è l'essiccazione del cibo vicino al fuoco. Questo può essere utile in condizioni meteorologiche meno favorevoli. Appendendo il cibo o posizionandolo su una griglia vicino a un fuoco basso e costante, puoi ottenere risultati simili all'essiccazione al sole. Assicurati solo che il cibo non sia troppo vicino alle fiamme, perché non vuoi che si cucini o bruci. L'essiccazione al fuoco richiede in genere maggiore attenzione per garantire che il cibo venga essiccato in modo uniforme e non esposto a troppo calore.

Gli edibili selvatici disidratati devono essere conservati adeguatamente per preservarne la qualità. Una volta che il cibo è completamente essiccato, mettilo in contenitori ermetici, come barattoli di vetro o sacchetti sigillati. Se ti trovi in una situazione di sopravvivenza senza accesso ai barattoli, puoi conservare il cibo in un panno ben avvolto o in contenitori leggeri che lo proteggano dall'umidità. Conservare il cibo in un luogo fresco e asciutto, lontano dalla luce solare diretta. Gli edibili selvatici disidratati possono durare diversi mesi, fornendoti una fonte affidabile di cibo durante la sopravvivenza a lungo termine.

La fermentazione è un altro metodo potente per preservare gli edibili selvatici, soprattutto quando si ha accesso a determinati tipi di frutta, verdura o radici che si prestano a questo processo. A differenza della disidratazione, la fermentazione non richiede la rimozione dell'acqua. Utilizza invece l'azione naturale dei batteri per preservare e addirittura migliorare il profilo nutrizionale del cibo. Se eseguita correttamente, la fermentazione può prolungare la durata di conservazione del cibo e fornire nutrienti essenziali, in particolare probiotici, che aiutano la digestione e rafforzano il sistema immunitario.

Il processo di fermentazione funziona consentendo ai batteri presenti in natura, come i lattobacilli, di convertire gli zuccheri presenti nel cibo in acido lattico. Questo acido crea un ambiente che impedisce la crescita di batteri nocivi, preservando il cibo. In un ambiente di sopravvivenza, è possibile far fermentare piante selvatiche come il cavolo (se ne trovi una varietà selvatica), radici o anche alcuni frutti.

Per fermentare gli edibili selvatici, è necessaria una soluzione salina. Questa soluzione è tipicamente composta da acqua e sale, la quantità di sale dipende dal tipo di alimento. Una regola generale è usare un cucchiaio di sale ogni due tazze d'acqua. Una volta che la salamoia è pronta, immergi completamente i commestibili selvatici nella soluzione. Puoi usare pietre o altri oggetti pesanti per tenere il cibo sotto la salamoia. È essenziale che il cibo rimanga immerso per evitare l'esposizione all'aria, che potrebbe causare muffe o deterioramento.

La fermentazione avviene a temperatura ambiente, in genere nell'arco di pochi giorni o diverse settimane, a seconda del tipo di alimento. Ad esempio, le verdure a foglia verde o i cavoli possono fermentare in circa tre-sette giorni, mentre gli ortaggi a radice potrebbero richiedere più tempo.

È importante controllare regolarmente gli alimenti, assicurandosi che non si formino muffe in superficie. Una volta completata la fermentazione, il cibo avrà un sapore piccante, leggermente acidulo, segno che il processo è andato a buon fine.

Gli edibili selvatici fermentati dovrebbero essere conservati in un luogo fresco per prolungarne la durata. Se hai accesso alla refrigerazione, è l'ideale, ma in una situazione di sopravvivenza, puoi conservarli in una zona fresca e ombreggiata o anche sottoterra per mantenerli freschi. Gli alimenti fermentati possono durare diversi mesi o anche di più, fornendo una preziosa fonte di nutrienti durante la sopravvivenza.

La combinazione di disidratazione e fermentazione può essere incredibilmente efficace per preservare una varietà di alimenti selvatici. Ad esempio, puoi disidratare erbe e verdure mentre fai fermentare ortaggi a radice o frutta. Questa diversità nelle tecniche di conservazione garantisce di avere a disposizione un mix di alimenti, dalle opzioni essiccate e leggere facili da trasportare agli alimenti fermentati ricchi di nutrienti che offrono benefici per la salute.

Conservare gli alimenti selvatici per un uso a lungo termine è fondamentale per la sopravvivenza. Gli alimenti disidratati devono essere conservati in contenitori ermetici o avvolti in modo sicuro per proteggerli da umidità, insetti e altri contaminanti. Gli alimenti fermentati devono essere conservati in contenitori sigillati in un ambiente fresco per evitare deterioramenti. In entrambi i casi, una corretta conservazione aiuta a garantire che i tuoi edibili selvatici conservati durino per mesi, fornendoti una fornitura alimentare costante in una situazione di sopravvivenza.

Oltre a far durare più a lungo gli edibili selvatici, sia la disidratazione che la fermentazione migliorano il contenuto nutrizionale del cibo. La disidratazione concentra le vitamine e i minerali nella frutta e nella verdura, rendendoli più ricchi di nutrienti. La fermentazione, d'altra parte, crea probiotici che supportano un intestino e un sistema immunitario sani. In un contesto di sopravvivenza, l'accesso a questi nutrienti può rappresentare un punto di svolta, aiutandoti a mantenere la tua forza e la salute generale.

Padroneggiare queste tecniche per preservare gli edibili selvatici attraverso la disidratazione e la fermentazione può aumentare significativamente le possibilità di sopravvivenza in natura. Rimuovendo l'umidità o utilizzando batteri benefici, puoi conservare il cibo a lungo termine, assicurandoti una fornitura costante di nutrimento quando il cibo fresco scarseggia. Con la pratica, puoi diventare esperto in questi metodi, rendendo la sopravvivenza nella natura selvaggia non solo possibile ma sostenibile per periodi prolungati.

# CAPITOLO 9

# Strumenti e attrezzature essenziali per i sopravvissuti

## Costruire un kit di sopravvivenza: l'attrezzatura indispensabile per ogni situazione

Costruire un kit di sopravvivenza è uno dei preparativi più importanti che puoi fare per le situazioni di emergenza. Un kit ben studiato contiene tutti gli strumenti e le attrezzature essenziali necessari per garantire la tua sicurezza, fornire riparo, accedere a cibo e acqua e gestire le esigenze di primo soccorso. In qualsiasi scenario di sopravvivenza, avere l'equipaggiamento giusto potrebbe significare la differenza tra la vita e la morte, soprattutto quando ci si trova in zone selvagge o tagliati fuori dalle risorse moderne.

Quando prepari il tuo kit di sopravvivenza, devi concentrarti su quattro aree chiave: riparo, cibo, acqua e primo soccorso. Questi elementi essenziali ti aiuteranno a rimanere vivo e in salute mentre affronti una situazione di emergenza.

Il riparo è una delle necessità più immediate in una situazione di sopravvivenza, in particolare se sei esposto a condizioni meteorologiche avverse come pioggia, freddo o caldo estremo. Un riparo leggero e portatile come un telo o una borsa da bivacco di emergenza può proteggerti dagli elementi. I teloni possono essere facilmente piegati e imballati nel tuo kit e sono versatili per creare rifugi temporanei come tettoie o strutture ad A. I sacchi da bivacco di emergenza, realizzati in materiale termoriflettente, possono mantenerti al caldo intrappolando il calore corporeo all'interno. Un altro elemento essenziale per ripararsi è una coperta di sopravvivenza o una coperta spaziale di buona qualità, compatta, leggera e molto efficace nel trattenere il calore.

Oltre a un oggetto per ripararti, includi una corda o un paracord forte e durevole nel tuo kit di sopravvivenza. Il Paracord è particolarmente utile perché può essere utilizzato per proteggere un riparo, appendere cibo, creare trappole o persino effettuare riparazioni. È leggero ma resistente, con molti fili interni che possono essere separati per usi diversi.

Un altro strumento importante per ripararsi e sopravvivere è uno strumento da taglio affidabile, come un coltello a lama fissa. Un coltello robusto è essenziale per tagliare il legno, realizzare utensili, preparare il cibo ed eseguire una serie di attività. In alcuni casi, potresti averne bisogno per creare legna da ardere per il fuoco, intagliare paletti per il tuo rifugio o elaborare la selvaggina. Cerca coltelli con tutto il codolo (dove la lama si estende attraverso l'intero manico), poiché sono generalmente più resistenti e durevoli.

Passando al cibo, il tuo kit di sopravvivenza dovrebbe contenere strumenti e forniture che ti aiutino a procurarti o preparare il cibo. Prepara alcuni alimenti ad alto contenuto energetico e non deperibili come barrette proteiche, noci o frutta secca. Questi ti forniranno una rapida fonte di calorie quando non riesci a trovare immediatamente fonti di cibo selvatico. Tuttavia, è anche essenziale disporre di strumenti che ti aiutino a procurarti il cibo in natura, come un kit da pesca o piccole trappole per la selvaggina.

Un kit da pesca può includere solo pochi ami, platine e lenza. Questo kit leggero può essere fondamentale per catturare i pesci se ti trovi vicino a uno specchio d'acqua. Le piccole trappole per selvaggina possono anche aiutarti a intrappolare animali come conigli o scoiattoli. Puoi anche includere qualche metro di filo o corda per posizionare le trappole. Un piccolo multiutensile con pinze, forbici e altre funzioni è utile anche per riparare attrezzi, preparare cibo o anche come supporto al coltello principale.

L'acqua è fondamentale per la sopravvivenza e avere acqua pulita e potabile è vitale. In un kit di sopravvivenza, porta con te gli strumenti che ti aiutano ad accedere e purificare l'acqua. È necessario un contenitore di metallo o una bottiglia d'acqua per raccogliere e far bollire l'acqua per uccidere batteri e parassiti dannosi. L'ebollizione dell'acqua è uno dei metodi di purificazione più affidabili e disporre di un contenitore ignifugo consente di farlo rapidamente.

Oltre a un contenitore per bollire, le pastiglie per purificare l'acqua o un piccolo filtro per l'acqua portatile sono elementi essenziali nel tuo kit. Le compresse per la purificazione dell'acqua sono leggere e facili da usare, in grado di trattare pochi litri d'acqua alla volta. I filtri portatili, come quelli di marchi come LifeStraw, ti consentono di bere direttamente da ruscelli o laghi senza preoccuparti dei contaminanti. Questi filtri rimuovono batteri, protozoi e altri microrganismi che possono causare malattie.

Un altro buon oggetto da includere per l'acqua è una sacca d'acqua pieghevole. Questo può aiutarti a immagazzinare acqua extra, il che è particolarmente utile se devi allontanarti da una fonte d'acqua o conservare l'acqua purificata.

Il primo soccorso è la prossima area critica per qualsiasi kit di sopravvivenza. Le lesioni possono verificarsi in qualsiasi momento ed essere preparati a trattarle è fondamentale per prevenire infezioni o peggioramento delle condizioni. Inizia con un kit di pronto soccorso di base che includa bende adesive, garze sterili, salviette antisettiche e nastro adesivo. Puoi anche includere antidolorifici come l'ibuprofene e antistaminici in caso di reazioni allergiche.

Per lesioni più gravi, porta con te oggetti come un laccio emostatico, una benda compressiva e guanti sterili. Un laccio emostatico può fermare un'emorragia grave da una ferita grave, mentre una benda compressiva aiuta in caso di sanguinamento moderato e lesioni che richiedono più di una semplice benda. I guanti sterili prevengono la diffusione dell'infezione durante il trattamento di ferite aperte.

È anche una buona idea includere un fischietto di emergenza nella sezione di pronto soccorso. Questo strumento può aiutarti a segnalare aiuto su lunghe distanze se ti perdi o ti infortuni. Un piccolo specchio per segnalare la luce del sole o una torcia compatta sono utili anche per comunicare o navigare al buio.

Anche un piccolo rotolo di nastro adesivo dovrebbe far parte del tuo kit. Il nastro adesivo è incredibilmente versatile e può essere utilizzato per rattoppare attrezzi, creare bende, sigillare materiali di protezione o persino effettuare riparazioni rapide a scarpe o indumenti. Poiché è così flessibile e resistente, ha usi quasi infiniti in situazioni di sopravvivenza.

Il fuoco è un altro strumento essenziale per la sopravvivenza. Nel kit dovrebbe essere incluso un buon accendifuoco, come fiammiferi impermeabili, una bacchetta di ferro o un accendino. Il fuoco è importante non solo per riscaldare e cucinare, ma anche per segnalare, purificare l'acqua e tenere lontani gli animali selvatici. Le barre di ferro, in particolare, sono durevoli e affidabili, anche in condizioni di bagnato.

Se lo spazio lo consente, metti un piccolo manuale di sopravvivenza o una scheda di riferimento nel tuo kit. Questa risorsa può fornire indicazioni sulle tecniche di sopravvivenza, sull'identificazione delle piante e sulle procedure di primo soccorso. Anche se hai conoscenze di sopravvivenza, avere un riferimento scritto può aiutarti a rinfrescarti la memoria o guidarti in un territorio sconosciuto.

Ricordati di riporre la tua attrezzatura in un contenitore o uno zaino resistente e impermeabile. Ciò garantisce che i tuoi strumenti e forniture rimangano asciutti e protetti, soprattutto in ambienti difficili. Uno zaino con scomparti rende più facile organizzare i tuoi oggetti e accedervi rapidamente quando necessario.

Selezionando attentamente gli strumenti e l'attrezzatura giusti, il tuo kit di sopravvivenza ti fornirà i mezzi per stare al sicuro, accedere a cibo e acqua, proteggerti dagli elementi e gestire qualsiasi esigenza medica. Con l'attrezzatura giusta a portata di mano, sarai meglio preparato ad affrontare qualsiasi emergenza, che tu sia nella natura selvaggia, alle prese con un disastro naturale o in situazioni impreviste.

# Coltelli, asce e multiutensili: scegliere gli strumenti giusti

Scegliere i giusti coltelli, asce e multiutensili è essenziale quando ci si prepara alla sopravvivenza nella natura selvaggia. Ogni strumento ha uno scopo unico e capire come selezionarli e utilizzarli in modo efficace può aumentare notevolmente le tue possibilità di successo in una situazione di sopravvivenza. Che tu stia tagliando legna, preparando cibo, costruendo rifugi o creando strumenti, disporre di attrezzature affidabili e durevoli è fondamentale.

I coltelli sono tra gli strumenti più versatili e indispensabili nelle situazioni di sopravvivenza. Un buon coltello da sopravvivenza dovrebbe essere durevole, affilato e comodo da usare per periodi prolungati. Quando si sceglie un coltello, è importante sceglierne uno con lama fissa. I coltelli a lama fissa sono più robusti e affidabili dei coltelli pieghevoli perché non ci sono parti in movimento che possano rompersi sotto sforzo. La lama dovrebbe avere il codolo completo, il che significa che la lama si estende attraverso l'intero manico. Questo design garantisce che il coltello sia robusto e in grado di resistere a un uso intenso senza rompersi.

La lunghezza della lama è un altro fattore da considerare. Una lunghezza della lama compresa tra 4 e 6 pollici è generalmente ideale per scopi di sopravvivenza, poiché fornisce un buon equilibrio tra controllo e potenza. Le lame più corte sono più facili da maneggiare e funzionano bene per compiti delicati come intagliare o tagliare oggetti più piccoli. Le lame più lunghe sono utili per compiti più pesanti come tagliare la legna o spaccare il legno colpendo la parte posteriore della lama con un oggetto pesante. Tuttavia, un coltello troppo grande può essere difficile da controllare e meno efficace per i lavori di precisione.

Anche la forma della lama è importante. Una lama con punto di caduta è una scelta popolare per i coltelli da sopravvivenza perché ha una punta forte e spessa, ideale per perforazioni e attività di utilità generale. La curva della lama consente di affettare e tagliare in modo efficiente, il che la rende utile per preparare cibo, creare strumenti e altre attività nella natura. I bordi seghettati possono essere utili per tagliare materiali più resistenti come corde o piante fibrose, ma un bordo dritto è generalmente più facile da affilare e mantenere sul campo.

Un buon manico del coltello dovrebbe fornire una presa solida, soprattutto in condizioni bagnate o scivolose. Le maniglie realizzate con materiali come gomma o materiali sintetici testurizzati offrono presa e durata eccellenti. Evita manici troppo lisci perché potrebbero scivolare dalle mani durante l'uso. Inoltre, assicurati che la maniglia sia comoda da tenere per periodi prolungati per ridurre l'affaticamento della mano.

Le asce sono un altro strumento vitale per la sopravvivenza, soprattutto quando è necessario svolgere compiti più pesanti come tagliare la legna per il fuoco o per ripararsi. Un'ascia da sopravvivenza dovrebbe essere leggera e facile da trasportare, ma comunque abbastanza robusta per gestire lavori impegnativi. Quando scegli un'ascia, considera le dimensioni e il peso. Un'accetta o un'ascia da campo più piccola è più facile da trasportare e da utilizzare per attività come spaccare piccoli tronchi, tagliare rami o persino piantare i pali della tenda nel terreno. Le asce più grandi, sebbene più efficaci per tagliare tronchi di grandi dimensioni, possono essere ingombranti da trasportare in una situazione di sopravvivenza, quindi un'ascia compatta è spesso la scelta migliore per lo zaino in spalla o per la sopravvivenza nella natura selvaggia.

Il materiale della testa dell'ascia è importante per la durabilità. Cerca un'ascia con la testa in acciaio al carbonio o acciaio inossidabile, poiché questi materiali offrono robustezza e sono resistenti alla ruggine e all'usura. Il bordo dovrebbe essere affilato e in grado di mantenerlo per periodi più lunghi. È anche una buona idea portare con sé uno strumento per l'affilatura per mantenere l'affilatura della lama nel tempo.

Il manico dell'ascia dovrebbe essere forte e comodo da impugnare. I manici in legno forniscono un buon assorbimento degli urti durante il taglio, ma possono rompersi se non mantenuti correttamente. Le maniglie in fibra di vetro o composite sono più durevoli e resistenti agli elementi, rendendole una scelta migliore per condizioni difficili.

Oltre ai coltelli e alle asce, i multiutensili sono incredibilmente utili in situazioni di sopravvivenza grazie alla loro versatilità. Un multiutensile combina diversi strumenti in un unico design compatto, spesso includendo pinze, forbici, cacciaviti, seghe e altro ancora. I multiutensili sono ideali per eseguire compiti più piccoli, come tagliare, riparare attrezzi, aprire lattine o persino creare semplici trappole e attrezzature da pesca.

Quando scegli un multiutensile, cercane uno realizzato con materiali di alta qualità come l'acciaio inossidabile. Lo strumento dovrebbe essere durevole e in grado di resistere all'usura dovuta all'uso esterno. Assicurati che abbia una buona varietà di funzioni che soddisfino le tue esigenze specifiche nella natura selvaggia. Pinze, tronchesi e una piccola sega sono particolarmente utili in situazioni di sopravvivenza, poiché possono aiutare con le riparazioni, tagliando materiali resistenti e creando ripari.

Dimensioni e peso sono considerazioni importanti per i multiutensili. Vuoi qualcosa che sia abbastanza compatto da poter essere trasportato facilmente ma comunque abbastanza grande da essere funzionale. Uno strumento troppo piccolo potrebbe non essere pratico per determinati compiti, mentre uno strumento troppo grande può essere ingombrante e occupare spazio prezioso nel kit.

Un'altra caratteristica importante da cercare nei multiutensili è un meccanismo di bloccaggio. Molti multiutensili sono dotati di lame e strumenti che si bloccano in posizione durante l'uso, il che rappresenta un'importante caratteristica di sicurezza. Uno strumento che si blocca impedisce alla lama di ripiegarsi sulla mano durante l'uso, riducendo il rischio di lesioni.

In una situazione di sopravvivenza, spesso dovrai essere creativo e utilizzare gli strumenti a tua disposizione per molteplici attività. Ad esempio, un coltello può essere utilizzato per la preparazione del cibo, per produrre esca, per creare strumenti o anche come arma di autodifesa. Un'ascia può fungere da martello, strumento da spacco o metodo per lavorare grandi quantità di legna da ardere. Un multiutensile può gestire qualsiasi cosa, dal taglio delle lenze alla riparazione dell'attrezzatura rotta.

È anche importante mantenere correttamente i tuoi strumenti per assicurarti che durino. I coltelli e le asce devono essere tenuti sempre affilati, poiché le lame smussate richiedono più forza per essere utilizzate, il che può aumentare il rischio di incidenti. Porta con te una piccola pietra per affilare o una lima per ritoccare regolarmente i bordi delle lame. Pulisci i tuoi strumenti dopo l'uso, soprattutto se sono entrati in contatto con acqua, cibo o materiale vegetale, per prevenire ruggine e deterioramento.

Quando si tratta di trasportare questi strumenti, molti sopravvissuti preferiscono indossarli sulla cintura per un facile accesso. I coltelli sono spesso dotati di foderi che possono essere attaccati alla cintura o allo zaino e molti strumenti multipli sono dotati di clip o tasche per un facile trasporto. Assicurati che i tuoi strumenti siano fissati saldamente per evitare di perderli nel deserto.

Scegliere i giusti coltelli, asce e multiutensili è un passo fondamentale nella preparazione alle situazioni di sopravvivenza. Ciascuno strumento ha usi specifici, ma insieme formano un kit completo che può aiutarti ad affrontare le sfide della natura selvaggia. Che tu stia costruendo un rifugio, preparando il cibo o tagliando legna da ardere, avere gli strumenti giusti a portata di mano ti dà la capacità di adattarti e prosperare nella natura.

## Strumenti fai da te dalla natura: improvvisazione di utensili e armi

Realizzare strumenti e armi improvvisati con materiali naturali è un'abilità essenziale per la sopravvivenza, soprattutto quando gli strumenti moderni non sono disponibili. La natura fornisce molte risorse che possono essere trasformate in oggetti utili per la caccia, la difesa e le attività quotidiane come mangiare o costruire. Imparare a creare questi strumenti con i materiali disponibili può aumentare significativamente le tue possibilità di sopravvivenza nella natura selvaggia.

Per creare strumenti efficaci, devi prima identificare e raccogliere i materiali giusti. Il legno è la risorsa naturale più versatile per l'artigianato. Cerca legni duri come quercia, noce o frassino, poiché sono densi e resistenti, ideali sia per gli strumenti che per le armi. Legni più morbidi come il pino o il cedro possono essere utilizzati per compiti meno impegnativi, ma non sono adatti per strumenti che richiedono resistenza o durata. Pietre, ossa e fibre vegetali possono essere utilizzate anche per migliorare la funzionalità dei tuoi strumenti improvvisati.

Uno degli strumenti più semplici e utili che puoi realizzare è un cucchiaio o una forchetta di legno. Per realizzare questi utensili, trova un ramo piccolo e robusto, preferibilmente spesso quanto il tuo pollice e abbastanza lungo da poterlo tenere comodamente. Usa una pietra affilata o un coltello per togliere la corteccia e scolpire il legno nella forma desiderata. Per un cucchiaio, ritaglia una ciotola poco profonda a un'estremità del bastoncino, usando una pietra per raschiare via il legno. Se usi una forchetta, dividi l'estremità del bastoncino in due o tre rebbi utilizzando uno strumento affilato o una roccia e leviga i bordi per evitare schegge. Questi utensili ti aiuteranno a preparare e mangiare il cibo senza usare direttamente le mani, mantenendo una migliore igiene e rendendo più gestibili i momenti dei pasti.

Se hai bisogno di uno strumento più versatile, puoi creare un bastone da scavo. Questo strumento può essere utilizzato per scavare radici commestibili, costruire rifugi o creare buche per il fuoco. Per creare un bastone da scavo, trova un ramo robusto lungo circa 2 o 3 piedi. Affila un'estremità strofinandola contro una roccia o utilizzando un coltello per inciderla in una punta appuntita. L'altra estremità può essere avvolta con tralci o fibre vegetali per creare una presa, rendendo lo strumento più facile da maneggiare. Il bastone da scavo è semplice da realizzare ma efficace per vari compiti di sopravvivenza.

Nelle situazioni in cui devi difenderti o andare a caccia di cibo, creare armi improvvisate con materiali naturali diventa fondamentale. Una lancia è una delle armi più semplici ed efficaci che puoi realizzare. Per realizzare una lancia, trova un ramo o un alberello lungo e dritto, preferibilmente lungo da 6 a 8 piedi. Affila un'estremità fino a renderla appuntita utilizzando una roccia affilata, un coltello o persino il fuoco. La tempra a fuoco è un'antica tecnica che rinforza la punta della lancia. Tieni l'estremità affilata della lancia sul fuoco, ruotandola lentamente per riscaldare uniformemente il legno. Fare attenzione a non bruciarlo perché ciò indebolirebbe la punta. Il calore indurisce il legno, rendendolo più resistente per la caccia o la difesa.

Se hai accesso a pietre affilate, puoi potenziare la tua lancia attaccando una punta di pietra. Per fare questo, trova una pietra piatta e scheggia i bordi per formare una forma triangolare affilata. Fissa la punta di pietra all'estremità della lancia utilizzando fibre vegetali, tendini (tendini di animali) o viticci. La punta di pietra renderà la lancia più efficace per perforare le pelli più resistenti o per difendersi dai predatori.

Un altro strumento e arma versatile è l'arco e la freccia. Per realizzare un arco è necessario un pezzo di legno flessibile ma resistente, come tasso, frassino o noce. Il legno dovrebbe essere alto quanto te e relativamente sottile. Per modellare l'arco, ritaglia il legno dai lati per creare una leggera curva quando l'arco viene teso. Evita di rimuovere troppo legno, poiché l'arco deve mantenere la sua forza per resistere alla tensione della corda. Per la corda, usa fibre vegetali resistenti, tendini animali o corteccia contorta. La corda deve essere abbastanza resistente da sopportare la forza dell'arco senza spezzarsi.

Le frecce possono essere realizzate con bastoncini diritti e leggeri. La lunghezza della freccia dovrebbe essere compresa tra 24 e 30 pollici. Affila un'estremità del bastoncino fino a renderla appuntita o attacca una piccola punta di freccia in pietra per una maggiore nitidezza. Come la lancia, l'indurimento con il fuoco delle punte delle frecce può renderle più forti. Per aiutare la freccia a volare dritta, puoi aggiungere delle piume all'estremità posteriore attaccando piccole piume di uccelli usando fibre vegetali o linfa. L'arco e la freccia sono efficaci per la caccia alla piccola selvaggina e possono essere utilizzati anche per l'autodifesa in caso di necessità.

Per una difesa più piccola e personale, puoi creare una mazza o una clava. Trova un ramo robusto lungo circa 2 o 3 piedi e con un'estremità spessa e pesante. Leviga la maniglia per facilitarne la presa e lascia intatta l'estremità pesante. Puoi migliorare ulteriormente l'efficacia della mazza aggiungendo spuntoni o pietre affilate alla testa. Attacca pietre o ossa taglienti utilizzando fibre vegetali o ritaglia piccole tacche per conferire alla mazza un bordo più aggressivo. Una mazza è utile sia per la caccia che per la difesa, soprattutto in situazioni a distanza ravvicinata.

Oltre alle armi, potresti dover creare altri strumenti essenziali, come un amo da pesca per catturare il cibo. Puoi realizzare ami da pesca con ossa, spine o anche piccoli pezzi di legno. Per creare un amo da pesca da un osso, trova un piccolo osso e scolpiscilo a forma di uncino utilizzando una pietra affilata. Assicurati che l'amo abbia un ardiglione, che aiuterà a mantenere il pesce sulla lenza una volta catturato. Attacca l'amo a una lenza fatta di fibre vegetali, viticci o tendini di animali e usa l'esca per attirare i pesci.

Il cordame è un altro materiale importante nelle situazioni di sopravvivenza, poiché può essere utilizzato per legare strumenti, posizionare trappole o costruire rifugi. Puoi realizzare corde con fibre vegetali come l'ortica, la corteccia interna degli alberi o persino i tendini degli animali. Per realizzare una corda, spoglia le fibre vegetali e attorcigliale insieme per formare un materiale resistente, simile a una corda. Il processo prevede la torsione e l'avvolgimento delle fibre l'una attorno all'altra per creare una corda resistente e flessibile.

Il cordame è essenziale per costruire strumenti e strutture più complessi e sapere come realizzarlo con materiali naturali può espandere notevolmente il tuo kit di strumenti di sopravvivenza.

Gli strumenti e le armi improvvisati realizzati con materiali naturali richiedono una certa creatività e intraprendenza, ma con la giusta conoscenza e pratica possono essere efficaci quanto gli strumenti moderni in una situazione di sopravvivenza. Che tu stia cacciando, costruendo o difendendoti, la natura offre una vasta gamma di materiali che possono essere modellati negli strumenti necessari per prosperare nella natura selvaggia.

# CAPITOLO 10

# Navigazione e orientamento nella natura

**Competenze di base su bussola e lettura di mappe per viaggiare sicuri**

Capire come utilizzare una bussola e una mappa è fondamentale per navigare in sicurezza su terreni sconosciuti, soprattutto in situazioni di sopravvivenza. Questi strumenti ti aiutano a determinare la direzione, pianificare il percorso ed evitare di perderti. Con alcune abilità chiave, puoi usarle in modo efficace per viaggiare nella natura selvaggia con sicurezza.

Una bussola è uno strumento che mostra la direzione in base al campo magnetico terrestre. La parte più importante della bussola è l'ago, che punta sempre al nord magnetico. Questo è leggermente diverso dal nord geografico, che punta al Polo Nord geografico, ma per la maggior parte della navigazione, il nord magnetico è sufficientemente preciso. Per usare una bussola, tienila piatta in mano e attendi che l'ago si stabilizzi. Una volta che l'ago smette di muoversi, l'estremità rivolta a nord ti darà un punto di riferimento per altre direzioni: est (alla tua destra), sud (dietro di te) e ovest (alla tua sinistra).

Combinando la bussola con una mappa, puoi navigare in modo più preciso. Una mappa rappresenta un'area specifica di territorio, mostrando caratteristiche importanti come montagne, fiumi, strade e sentieri. La maggior parte delle mappe sono stampate con il nord in alto, che si allinea con il nord della bussola. Per utilizzare una mappa e una bussola insieme, inizia posizionando la mappa in piano e posizionando la bussola sopra. Ruota la mappa finché l'ago della bussola non punta verso la parte superiore della mappa, allineando il nord sia sulla mappa che sulla bussola. Questo si chiama "orientamento" della mappa e garantisce che ciò che vedi sulla mappa corrisponda al paesaggio intorno a te.

Una volta orientata la mappa, puoi utilizzarla per pianificare un percorso. Inizia identificando la tua posizione attuale. Cerca punti di riferimento come fiumi, montagne o strade sulla mappa e confrontali con ciò che vedi intorno a te. Una volta individuata la tua posizione, identifica la tua destinazione e traccia una linea immaginaria tra i due punti. Questo è il percorso previsto. Utilizzerai la bussola per mantenerti sulla rotta mentre viaggi.

Per seguire il tuo percorso, utilizza la bussola per determinare la direzione in cui devi viaggiare, nota anche come "rilevamento". Posiziona la bussola sulla mappa in modo che un bordo della piastra di base corra lungo la linea tra la posizione corrente e la destinazione. Assicurati che la freccia della direzione del viaggio sulla bussola punti verso la tua destinazione. Successivamente, ruotare l'alloggiamento della bussola (la parte con i segni dei gradi) finché l'ago della bussola non si allinea con la freccia di orientamento nell'alloggiamento. L'indicazione dei gradi nella parte superiore della bussola indica la direzione, che indica la direzione esatta da percorrere.

Mentre cammini, tieni la bussola piatta davanti a te e segui la direzione della freccia di viaggio. Controlla regolarmente la bussola per assicurarti di mantenere la rotta. Di tanto in tanto, fermati e confronta l'ambiente circostante con la mappa per confermare che stai andando nella giusta direzione.

Se il terreno è difficile o ci sono ostacoli come fitte foreste o colline ripide, potrebbe essere necessario modificare il percorso, ma cerca sempre di rimanere il più vicino possibile alla direzione originale.

Se non disponi di una mappa, una bussola è comunque uno strumento prezioso per la navigazione. Puoi usarlo per camminare in linea retta mantenendo una direzione coerente. Ad esempio, se sai che una strada o un fiume si trova a ovest, imposta la bussola su ovest e cammina in quella direzione finché non raggiungi il tuo obiettivo. Questo metodo può aiutarti a evitare di camminare in tondo, che è un problema comune quando si naviga senza un punto di riferimento chiaro.

A volte, il paesaggio può fornire indizi naturali per aiutarti a navigare senza bussola. Il sole sorge a est e tramonta a ovest, il che può darti un'idea approssimativa della direzione durante il giorno. Se ti sei perso e il sole è visibile, puoi stimare la direzione nord, sud, est o ovest in base all'ora del giorno. Nell'emisfero settentrionale è possibile utilizzare le stelle anche di notte. La Stella Polare, o Polare, è sempre nel cielo settentrionale, quindi localizzarla può aiutarti a trovare il nord. Questa stella fa parte della costellazione dell'Orsa Maggiore e rimane in una posizione fissa, a differenza delle altre stelle che sembrano muoversi durante la notte.

La lettura della mappa implica molto più che semplicemente capire dove ti trovi e dove devi andare. È anche importante leggere le caratteristiche del terreno sulla mappa, che possono aiutarti ad anticipare sfide come salite ripide o attraversamenti di fiumi. Le mappe topografiche mostrano i cambiamenti di elevazione utilizzando le curve di livello. Queste linee rappresentano la forma del terreno, e ciascuna linea mostra una specifica elevazione sul livello del mare. Quando le curve di livello sono vicine tra loro, significa che il terreno è ripido, come su una montagna o una collina. Quando sono più distanti, il terreno è più pianeggiante, come in una valle. Studiando le curve di livello è possibile scegliere percorsi che evitino terreni difficili o prepararsi per un'escursione impegnativa.

Quando pianifichi un percorso, considera sempre le caratteristiche naturali intorno a te. I fiumi, ad esempio, sono spesso punti di riferimento importanti. Possono guidarti verso la salvezza o condurti verso l'acqua dolce, ma possono anche essere ostacoli. Usa la tua mappa per individuare ponti o aree poco profonde dove puoi attraversare in sicurezza. Le foreste possono fornire riparo e risorse, ma possono anche limitare la visibilità, rendendo più difficile mantenere la rotta. Le aree aperte, come prati o campi, sono più facili da navigare, ma offrono meno protezione dalle intemperie. Comprendere il terreno ti aiuterà a prendere decisioni migliori su come viaggiare nella natura selvaggia.

Un'altra caratteristica importante della mappa da comprendere è la scala. La scala mostra il rapporto tra le distanze sulla mappa e le distanze effettive sul terreno. Ad esempio, se una mappa ha una scala di 1:50.000, significa che un'unità sulla mappa (come un pollice o un centimetro) rappresenta 50.000 delle stesse unità nella vita reale. Conoscere la scala ti aiuta a stimare la distanza che dovrai percorrere per raggiungere la tua destinazione. È utile anche per pianificare quanto tempo ci vorrà per arrivare lì, il che può essere cruciale in situazioni di sopravvivenza in cui è necessario gestire tempo ed energie.

Oltre ad apprendere le abilità con la mappa e la bussola, è consigliabile portare con sé alcuni altri ausili alla navigazione. Un dispositivo GPS può essere un utile backup, ma richiede batterie e potrebbe non funzionare bene in aree remote. Un orologio può aiutarti a tenere traccia del tempo, utile per calcolare le distanze in base a quanto tempo hai camminato. Dovresti anche portare con te una matita o una penna per segnare la tua posizione sulla mappa mentre viaggi. Tenere traccia di dove sei stato ti aiuterà a evitare di tornare indietro o di perderti.

Nelle situazioni di sopravvivenza, la navigazione è molto più che semplicemente trovare la strada verso una destinazione. Si tratta di mantenere la calma, prendere decisioni intelligenti ed evitare rischi inutili. Con la pratica, l'uso di una mappa e di una bussola può diventare una seconda natura, dandoti la sicurezza necessaria per esplorare terreni sconosciuti e rimanere sulla rotta. Comprendendo questi strumenti e tecniche di navigazione di base, puoi aumentare le tue possibilità di raggiungere la sicurezza, anche in ambienti selvaggi e difficili.

## Navigare senza strumenti: usare il sole, le stelle e i segni della natura

Navigare senza strumenti moderni come una bussola o un GPS può sembrare difficile, ma la natura fornisce diversi indizi per aiutarti a trovare la strada. Comprendere come utilizzare i segni naturali come il sole, le stelle e i punti di riferimento può guidarti attraverso terreni sconosciuti e aiutarti a rimanere orientato in situazioni di sopravvivenza.

Il sole è uno degli indicatori di direzione più affidabili. Segue ogni giorno un percorso prevedibile attraverso il cielo, sorgendo a est e tramontando a ovest. Prestando attenzione alla posizione del sole, puoi facilmente determinare dove si trovano l'est e l'ovest. Al mattino il sole sarà nella parte orientale del cielo e nel pomeriggio si sposterà verso ovest. Se non sei sicuro della tua direzione, osserva semplicemente dove si trova il sole e abbinalo all'ora del giorno. Ad esempio, nel primo pomeriggio, se ti trovi nell'emisfero settentrionale, il sole sarà nella parte meridionale del cielo, aiutandoti a capire anche il nord e il sud.

Se il sole è alto nel cielo e devi trovare il nord, puoi utilizzare il metodo del bastoncino d'ombra. Posiziona un bastone diritto nel terreno e segna il punto in cui cade l'ombra del bastone. Attendi circa 20 minuti e segna la nuova posizione dell'ombra. Disegna una linea retta tra i due punti che hai segnato e questa linea correrà all'incirca da est a ovest. Stare con il primo segno (ombra del mattino) alla tua sinistra e il secondo segno alla tua destra ti orienterà con l'est alla tua sinistra e l'ovest alla tua destra, e il nord sarà dritto davanti a te.

In alcune situazioni, il cielo potrebbe essere coperto, o potrebbe essere notte, e non potrai fare affidamento sul sole. Di notte, le stelle possono fungere da ottimi strumenti di navigazione. Nell'emisfero settentrionale, la Stella Polare, o Polare, è una stella chiave da trovare. Polaris è posizionata quasi direttamente sopra il Polo Nord e rimane relativamente fissa nel cielo, rendendola una guida affidabile per il vero nord. Per trovare Polaris, individua l'Orsa Maggiore, una costellazione dalla caratteristica forma a "mestolo". Le due stelle all'estremità della "ciotola" dell'Orsa Maggiore puntano direttamente verso la Stella Polare. Una volta trovata Polaris, saprai che sei rivolto a nord.

Nell'emisfero australe, la navigazione stellare funziona in modo leggermente diverso. Non esiste una sola stella conveniente come la Stella Polare per indicare il sud, ma puoi usare la costellazione della Croce del Sud. La Croce del Sud è composta da quattro stelle luminose a forma di croce. Estendendo una linea immaginaria attraverso l'asse lungo della croce e seguendola verso il basso, puoi approssimare dove si trova il sud.

Oltre ai corpi celesti, la natura offre altri segnali utili per guidarti. Alberi, piante e persino muschio possono fornire sottili indizi direzionali. Nell'emisfero settentrionale, molti alberi e rocce avranno una crescita di muschio più spessa sui lati settentrionali. Questo perché il lato settentrionale degli oggetti riceve meno luce solare diretta, rendendolo più fresco e umido, condizioni ideali per la crescita del muschio. Non si tratta però di un metodo infallibile, poiché il muschio può crescere su qualsiasi lato nelle zone particolarmente ombreggiate o umide. Usalo come uno dei tanti indizi piuttosto che come unico metodo di navigazione.

Nelle foreste o nelle aree aperte, anche i modelli di crescita di alberi e piante possono darti suggerimenti. Se ti trovi in una regione con una luce solare più costante, gli alberi avranno spesso più rami e foglie sui lati meridionali, dove ricevono maggiore esposizione al sole. La corteccia degli alberi può anche essere più spessa e ruvida sul lato meridionale e più sottile sul lato settentrionale, più fresco e ombreggiato. Tieni presente che questa tecnica funziona meglio in aree con stagioni distinte, dove i modelli di luce solare sono più evidenti.

I corsi d'acqua come fiumi e ruscelli possono fungere da punti di riferimento naturali che ti aiutano a trovare la strada. In molte regioni, i fiumi scorrono in direzioni prevedibili a seconda della geografia. Ad esempio, i fiumi nell'emisfero settentrionale spesso scorrono da quote più elevate nel nord a quote più basse nel sud, soprattutto nelle regioni montuose. Seguendo un fiume a valle, potresti riuscire a raggiungere quote più basse o addirittura insediamenti umani. Tuttavia, se possibile, è importante verificare la tua posizione su una mappa più grande perché non tutti i fiumi seguono questa regola.

Presta attenzione anche al comportamento degli animali. Gli uccelli spesso seguono schemi prestabiliti durante la migrazione, volando verso nord in primavera e verso sud in autunno. Osservare la direzione generale del volo degli uccelli, in particolare di grandi stormi, può darti un senso approssimativo dell'orientamento. Alcuni animali, come i cervi, viaggiano spesso verso le fonti d'acqua all'alba e al tramonto. Se ti trovi vicino a una fonte d'acqua, puoi usarla come punto di riferimento affidabile per rimanere orientato, sapendo che probabilmente gli animali torneranno regolarmente nella zona.

Un'altra tecnica efficace è cercare oggetti realizzati dall'uomo, anche in aree remote. L'attività umana spesso lascia dietro di sé sentieri, strade o altri segnali come recinzioni, vecchi edifici o cavi elettrici. Queste strutture in genere portano ad aree popolate e seguirle può aiutarti a riportarti alla civiltà. I binari ferroviari, ad esempio, sono costruiti per collegare paesi e città. Percorrendoli in entrambe le direzioni, alla fine arriverai in un luogo dove potrai trovare aiuto o riparo.

Anche la direzione del vento può essere utilizzata come guida approssimativa, in particolare nelle regioni in cui il vento tende a soffiare costantemente da una direzione. Nelle zone costiere, i venti possono soffiare verso l'interno durante il giorno e verso il mare durante la notte, il che può aiutarti a orientarti se ti trovi vicino all'oceano. Le catene montuose possono anche influenzare l'andamento dei venti, con venti che spesso soffiano lungo le valli o salgono sui pendii.

Anche la conformazione del terreno stesso può essere un indizio prezioso. In molti luoghi, colline, montagne e crinali avranno schemi chiari che possono aiutarti a comprendere il terreno. Ad esempio, le catene montuose spesso corrono in determinate direzioni in base alle forze tettoniche. Negli Stati Uniti, ad esempio, le Montagne

Rocciose generalmente corrono da nord a sud, mentre i Monti Appalachi seguono una direzione da nord-est a sud-ovest. Studiando la geografia, puoi determinare la tua direzione e trovare percorsi che seguono i contorni naturali, rendendo più facile la navigazione.

Un altro segno naturale utile è la posizione della neve e del ghiaccio nelle regioni più fredde. Nell'emisfero settentrionale, la neve e il ghiaccio tendono a sciogliersi più velocemente sui pendii esposti a sud a causa della maggiore esposizione alla luce solare. Se stai facendo un'escursione su un terreno innevato, potresti notare che le aree esposte a sud sono meno coperte di neve, fornendo un altro indizio sulla tua direzione.

Navigare senza strumenti richiede un'osservazione acuta e la conoscenza dei segni naturali. Che si tratti del percorso del sole, della direzione delle stelle o degli indizi offerti da piante, animali e paesaggi, la natura fornisce una ricchezza di informazioni per guidarti. Affinando queste competenze, puoi trovare con sicurezza la tua strada, anche negli ambienti più remoti, assicurandoti di rimanere sulla strada giusta ed evitare di perderti.

## Creare e seguire sentieri: non lasciare traccia nella natura

Creare e seguire sentieri nella natura selvaggia è un'abilità essenziale sia per la sicurezza personale che per la preservazione dell'ambiente naturale. I sentieri ti aiutano a guidarti attraverso terreni sconosciuti, assicurandoti di rimanere sulla rotta riducendo al minimo il rischio di perderti. Allo stesso tempo, è importante rispettare l'ambiente seguendo i principi "Leave No Trace", che mirano a ridurre al minimo l'impatto umano sulla natura selvaggia.

Quando navighi nella natura selvaggia, creare un percorso per te stesso è un modo per contrassegnare il tuo percorso in modo da poter tornare sui tuoi passi, se necessario. Un metodo semplice per creare un sentiero è utilizzare segnali naturali. Questi possono includere rami spezzati, rocce accatastate in un tumulo (un piccolo mucchio di pietre) o elementi distintivi come grandi alberi o massi. Tuttavia, è necessario assicurarsi che questi indicatori siano sufficientemente sottili da non disturbare l'ambiente. Evita di strappare la corteccia dagli alberi o di sradicare le piante, poiché queste azioni possono causare danni a lungo termine all'ecosistema. Utilizzare invece materiali già presenti a terra, come rami caduti o rocce.

In alcuni casi, è possibile utilizzare un sistema di indicatori direzionali chiamati "blaze" per creare una traccia. Una fiammata è un piccolo segno visibile lasciato sugli alberi o sulle rocce per indicare un percorso. Tradizionalmente, questi fuochi venivano realizzati raschiando la corteccia o posizionando pennarelli dipinti sugli alberi, ma è meglio usare un'opzione più ecologica come legare piccoli pezzi di spago o nastro biodegradabile ai rami. Questo metodo non è invasivo e può essere facilmente rimosso una volta che la traccia non è più necessaria. Se usi i fuochi, distanziali a intervalli regolari e rendili visibili a distanza in modo che possano essere facilmente seguiti, ma non così vicini da ingombrare il paesaggio naturale.

Quando si crea un sentiero, è importante considerare il terreno e la sicurezza. Cerca percorsi naturali che seguano i contorni del terreno, come crinali, valli o aree aperte. Evita pendii ripidi o rocciosi che potrebbero essere difficili da percorrere, nonché un fitto sottobosco che potrebbe rallentare i tuoi progressi. Scegli un percorso che eviti potenziali pericoli come fiumi, scogliere o aree soggette a frane. È anche utile utilizzare i sentieri esistenti quando possibile, poiché ciò riduce l'impatto sull'ambiente e rende il viaggio più semplice.

Seguire un sentiero creato da altri, o un sentiero nella natura selvaggia esistente, è altrettanto importante. Molti sentieri consolidati sono progettati per ridurre al minimo l'impatto ambientale fornendo allo stesso tempo percorsi sicuri e affidabili per gli escursionisti. Attenersi a questi sentieri quando possibile, poiché allontanarsi può causare erosione, disturbare gli habitat della fauna selvatica e danneggiare la delicata vita vegetale. I sentieri sono inoltre progettati per essere facilmente percorribili, con segnali, segnali stradali o ometti che guidano gli escursionisti e impediscono loro di perdersi.

Nelle aree in cui i sentieri non sono chiaramente segnalati, puoi utilizzare i punti di riferimento naturali per aiutarti a seguire il tuo percorso. Punti di riferimento come cime montuose, fiumi o formazioni rocciose uniche possono fungere da punti di riferimento. Mentre ti muovi, controlla continuamente l'ambiente circostante e cerca caratteristiche familiari che ti aiutino a rimanere sulla rotta. Inoltre, se ti trovi in una zona boschiva, presta attenzione alla posizione del sole per mantenere il tuo senso generale dell'orientamento.

Una parte essenziale della navigazione nella natura selvaggia è sapere come muoversi nell'ambiente senza lasciare traccia della propria presenza. La filosofia Leave No Trace incoraggia chiunque si avventuri nella natura a lasciarla come l'ha trovata, o in condizioni migliori. Questo approccio garantisce che la natura selvaggia rimanga sana e intatta per le generazioni future e aiuta anche a proteggere la fauna selvatica e gli ecosistemi naturali.

Uno dei principi fondamentali di Leave No Trace è ridurre al minimo il disturbo per l'ambiente. Quando cammini nella natura selvaggia, evita di calpestare la vegetazione delicata, poiché il calpestio può causare danni a lungo termine alle piante e al suolo. Attenersi a sentieri consolidati e superfici resistenti come rocce, ghiaia o erba secca. Se è necessario creare un sentiero temporaneo, scegliere le aree con una crescita minima delle piante e provare a camminare in fila indiana per limitare l'area interessata.

Quando fai una pausa, assicurati che il luogo in cui riposi non disturbi la fauna selvatica o l'ambiente circostante. Scegli superfici resistenti per sederti o campeggiare ed evita di accendere fuochi in aree in cui potrebbero cicatrizzare il terreno. Se hai bisogno di un fuoco, usa una stufa portatile o crea un braciere in un anello predisposto per evitare di bruciare la vegetazione o danneggiare il terreno. Assicurarsi sempre di spegnere completamente il fuoco e di spargere la legna inutilizzata per evitare di lasciare qualsiasi segno dell'esistenza dell'incendio.

Eliminare tutti i rifiuti che crei è una parte fondamentale dell'etica Leave No Trace. Ciò include involucri alimentari, contenitori e altri rifiuti, nonché rifiuti organici come gli avanzi di cibo. Anche i materiali biodegradabili come i torsoli di mela o le bucce di banana richiedono tempo per decomporsi e possono disturbare l'equilibrio naturale dell'ecosistema. Raccogli tutta la spazzatura in un sacchetto sigillabile e smaltiscila correttamente quando torni in un'area di smaltimento designata. Per i rifiuti umani, seppelliscili in una buca profonda almeno 6-8 pollici e ad almeno 200 piedi di distanza da qualsiasi fonte d'acqua per prevenire la contaminazione.

Un altro aspetto del non lasciare traccia riguarda il rispetto della fauna selvatica. È importante osservare gli animali da lontano ed evitare di dar loro da mangiare. Nutrire la fauna selvatica può sconvolgere i loro modelli alimentari naturali e renderli dipendenti dagli esseri umani, il che può essere pericoloso sia per gli animali che per le persone. Se incontri un animale, dagli spazio e muoviti silenziosamente per evitare di spaventarlo. Non avvicinarti o tentare mai di maneggiare animali selvatici, poiché ciò può causare loro stress e metterti a rischio.

In alcuni casi, potrebbe essere necessario smantellare il percorso creato. Una volta che hai finito di utilizzare il sentiero, è essenziale rimuovere eventuali fiamme, tumuli o altri indicatori che hai posizionato. Ciò garantisce che la natura selvaggia rimanga indisturbata e che gli altri escursionisti non vengano fuorviati da segnali vecchi o obsoleti. Se hai usato nastri o spago per segnare il tuo percorso, slegali e portali con te. Se hai costruito rifugi o strutture temporanee, smantellali e disperdi i materiali per evitare di lasciare traccia della tua presenza.

Leave No Trace non significa solo proteggere l'ambiente; si tratta anche di garantire la sicurezza e il divertimento di altre persone che potrebbero utilizzare la natura selvaggia. Riducendo al minimo il tuo impatto, contribuisci a preservare l'esperienza della natura selvaggia per tutti, assicurando che i futuri visitatori possano godere della stessa bellezza e tranquillità che hai goduto tu.

Creare e seguire i sentieri è un'abilità essenziale nella natura selvaggia, ma deve essere fatto con cura e rispetto per l'ambiente. Utilizzando materiali naturali e indicatori sottili per creare un sentiero, seguendo percorsi stabiliti quando possibile e aderendo ai principi Leave No Trace, puoi navigare attraverso la natura selvaggia in modo sicuro e responsabile. L'obiettivo è godere della bellezza della natura preservandola per le generazioni future, garantendo che rimanga uno spazio incontaminato e vibrante per tutti.

# CONCLUSIONE

## Costruire fiducia nelle tue capacità di sopravvivenza: rimanere pronto per qualsiasi situazione

Costruire fiducia nelle tue capacità di sopravvivenza è essenziale per prosperare in qualsiasi situazione, sia che ti trovi nella natura selvaggia o che ti trovi ad affrontare una crisi inaspettata. La fiducia non deriva solo dalla conoscenza della teoria; cresce dalla pratica, dall'esperienza e dalla comprensione delle tue capacità. Più metti in pratica le tue abilità, più diventano naturali, permettendoti di mantenere la calma e prendere decisioni intelligenti quando conta di più.

Uno degli aspetti più importanti per creare fiducia è la pratica continua. Le abilità di sopravvivenza sono deperibili, il che significa che se non le usi regolarmente, svaniscono nel tempo. Esercitare abilità come accendere fuochi, costruire rifugi, purificare l'acqua e navigare in vari ambienti ti garantisce di poter fare affidamento su di loro quando necessario. Che sia durante una gita in campeggio, un'escursione o anche nel tuo giardino, praticare regolarmente questi compiti li renderà una seconda natura. Non basta sapere come accendere un incendio o tendere una trappola in teoria; devi sentirti a tuo agio nel farlo sotto pressione.

Oltre alla pratica pratica, è fondamentale imparare dagli errori. Gli errori commessi durante la pratica hanno un valore inestimabile perché ti mostrano cosa migliorare senza il rischio che esiste nelle situazioni di sopravvivenza reale. Se non riesci ad accendere un fuoco al primo tentativo, ottieni la possibilità di affinare il tuo metodo finché non ci riesci. Nel corso del tempo, questo tipo di esperienza pratica sviluppa la resilienza, insegnandoti non solo come fare qualcosa di giusto, ma anche come riprendersi quando le cose vanno male.

La fiducia deriva anche dalla comprensione dei propri strumenti e risorse. Avere familiarità con gli strumenti del tuo kit di sopravvivenza o con i materiali naturali disponibili nell'ambiente circostante ti dà un senso di sicurezza. Ad esempio, sapere come usare il coltello in modo efficiente o come trovare i materiali per ripararsi ti assicura di non farti prendere dal panico quando devi agire rapidamente. Allo stesso modo, comprendere l'ambiente in cui ti trovi, che si tratti di una foresta, di un deserto o di un terreno montagnoso, ti consente di adattare le tue abilità alle condizioni. Questa adattabilità è fondamentale per sentirsi in controllo anche di fronte a nuove sfide.

La preparazione è un altro aspetto fondamentale per costruire la fiducia nella sopravvivenza. Essere preparati non significa semplicemente avere la marcia giusta; significa anticipare mentalmente e fisicamente diversi scenari e capire come rispondere. Ciò include la conoscenza dei potenziali pericoli dell'ambiente in cui potresti trovarti, come la fauna selvatica, il tempo o il terreno. Essere preparati implica anche avere un piano: sapere come reagire se ti perdi, se si scatena una tempesta o se rimani senza cibo. Considerando queste possibilità in anticipo, puoi rispondere con calma ed efficacia se si verificano.

Un altro modo per acquisire fiducia è informarsi continuamente. Le capacità di sopravvivenza sono vaste e c'è sempre qualcosa di nuovo da imparare. Che si tratti di leggere, seguire lezioni o guardare video didattici, ampliare le tue conoscenze ti renderà più versatile in qualsiasi situazione di sopravvivenza. Impara nuovi metodi per attività che già conosci e non esitare a esplorare aree con cui hai meno familiarità, come cercare piante commestibili o apprendere il comportamento degli animali. Più competenze acquisirai, più ti sentirai autosufficiente.

Una parte spesso trascurata ma importante della sopravvivenza è la preparazione mentale. Le situazioni di sopravvivenza possono essere stressanti e mantenere la calma è fondamentale per prendere buone decisioni. La fiducia nelle tue capacità aiuta a gestire lo stress. Costruire la resilienza mentale attraverso la pratica può aiutarti a mantenere la calma anche in situazioni di alta pressione. Ciò include imparare a rimanere pazienti, concentrati e adattabili quando le cose non vanno come previsto.

Esercitati a lavorare con gli altri in scenari di sopravvivenza. Sebbene essere autosufficienti sia importante, le situazioni di sopravvivenza spesso coinvolgono gruppi e lavorare in squadra può aumentare le possibilità di successo di tutti. Imparare a condividere conoscenze, assegnare compiti e supportarsi a vicenda rafforza sia la tua sicurezza che quella di chi ti circonda. La comunicazione, la leadership e la collaborazione sono essenziali tanto quanto sapere come usare un coltello o purificare l'acqua.

La fiducia nelle tue capacità di sopravvivenza si basa su conoscenze, pratica, adattabilità e preparazione. Affinando continuamente le tue capacità, imparando dagli errori, comprendendo il tuo ambiente e preparandoti per gli imprevisti, sarai pronto per qualunque sfida ti si presenti davanti.

Avere fiducia non significa sapere tutto; significa essere intraprendenti, mantenere la calma e avere fiducia nel proprio allenamento per andare avanti.

Sopravvivere non significa solo avere gli strumenti giusti; si tratta di coltivare la mentalità e le capacità per rimanere pronti in ogni situazione, non importa quanto possano diventare difficili.

www.ingramcontent.com/pod-product-compliance
Lightning Source LLC
Chambersburg PA
CBHW052143220526
45471CB00004B/1497